21世纪高等院校应用型人才培养规划教材

中文 Photoshop CS5 应用实践教程

刘小豫　主编

西北工业大学出版社

【内容简介】本书为 21 世纪高等院校应用型人才培养规划教材，主要内容包括图形图像处理的基础知识、Photoshop CS5 的基本操作、图像的选取与编辑、绘图与修图工具的使用、图像色彩与色调的调整、图层与蒙版的使用、通道的使用、路径与动作的使用、文字处理、添加滤镜特效、行业应用实例及上机实验。在前 10 章每章末还附有适量的练习题，以帮助读者巩固所学的知识。

　　本书结构清晰，内容丰富，图文并茂，易学易懂，既可作为高等院校 Photoshop 课程教材，也可作为各高等院校和社会培训班计算机平面设计的课程教材，同时也非常适合各层次 Photoshop 用户学习和参考。

图书在版编目（CIP）数据

中文 Photoshop CS5 应用实践教程/刘小豫主编. —西安：西北工业大学出版社，2011.12
21 世纪高等院校应用型人才培养规划教材
ISBN 978-7-5612-3252-1

Ⅰ. ①中…　　Ⅱ. ①刘…　　Ⅲ. ①图像处理软件，Photoshop CS5—高等学校—教材
Ⅳ. ①TP391.41

中国版本图书馆 CIP 数据核字（2011）第 256774 号

出版发行：西北工业大学出版社

通信地址：西安市友谊西路 127 号　　　邮编：710072

电　　话：（029）88493844　88491757

网　　址：www.nwpup.com

电子邮件：computer@nwpup.com

印 刷 者：陕西向阳印务有限公司

开　　本：787 mm×1 092 mm　　1/16

印　　张：17

字　　数：447 千字

版　　次：2011 年 12 月第 1 版　　2011 年 12 月第 1 次印刷

定　　价：34.00 元

21 世纪高等院校应用型人才培养规划教材

编审委员会

序　言

21 世纪是信息时代，是科学技术高速发展的时代，也是人类进入以"知识经济"为主导的时代。信息要发展，人才是关键，为此，我国高等教育也适度扩大了规模。如何培养出德才兼备的高素质应用型人才，是全社会尤其是高等院校面临的一项颇为急切的任务。

为适应培养高素质专门人才的需要，必须开展教学改革立项和试点工作，加强实验教学和实践环节，重视综合性和创新性实验，大力培养学生的应用实践能力；必须建立高水平的教学计划和完备的课程体系，推进精品课程建设，完善精品课程学科布局。多年来，我们一直致力于研究在新形势下如何编写出适应教学需要的教材，集中讨论了教育部计算机基础课程的重大教学改革举措以及新的课程体系框架、教学内容组织和课程设置等，经过与各高校老师、专家反复研讨后取得了许多共识。在"教育部高等学校计算机基础课程教学指导委员会"有关会议精神的指导下，我们组织了一批长期在一线从事计算机教学工作的老师和专家，成立了 21 世纪高等院校应用型人才培养规划教材编审委员会，全面研讨计算机和信息技术专业应用型人才的培养方案，并结合我国教育当前的实际情况，编写了这套"21 世纪高等院校应用型人才培养规划教材"。

📖 编写目的

配合教育部提出的要有相当部分高校致力于培养应用型人才的要求，以及市场对应用型人才需求量的不断增加，本套丛书以**"理论与实践并重，应试与就业兼顾"**为原则，注重**教育、训练、应用**三者有机结合，努力建设一套全新的、有实用价值的应用型人才培养规划教材。希望本套教材的出版和使用，能够促进应用型人才的培养，为我国建立新的人才培养模式作出贡献。

📖 丛书特色

★ 中文版本，易教易学

选取市场上最普遍、最易掌握的应用软件的中文版本，突出"易教学、易操作"的特点，结构合理，内容丰富，讲解清晰，真正做到老师好教、学生好学。

★ 由浅入深，循序渐进

以培养应用型人才为重点，内容系统、全面，难点分散，循序渐进，并将知识点融入到每个实例中，使读者在掌握理论知识的同时提高实践能力。

★ 体系完整，作者权威

兼顾了大学非计算机专业学生的特点，按照分类、分层次组织教学的思路进行教材的编写。此外，参与教材编写的作者均来自国内著名高校，都是长期从事一线教学的专家和教授。

★ 理论和实践相结合

从教学的角度出发，将精简的理论与丰富实用的经典行业范例相结合，使学生在掌握基础理论的同时满足专业技术应用能力培养的需要，给学生提供一定的可持续发展的空间。

★ 与实际工作相结合

开辟培养技术应用型人才的第二课堂，注重学生素质培养，与企业一线人才要求对接，充实实际操作经验，将教育、训练、应用三者有机结合，使学生一毕业就能胜任工作，增强学生的就业竞争力。

★ 立体化教材建设思想

注重立体化教材建设，除主教材外，还配有多媒体电子教案、习题与实验指导，以及教学网站和其他教学资源。

★ 提供免费电子教案，保障教学需求

提供免费电子教案及书中素材文件，极大地方便老师教学和学生上机实践。

📖 读者对象

本套丛书可作为普通高等院校、高职高专院校的教材，也适合社会培训班使用，同时可供计算机爱好者自学参考。

📖 互动交流

为贯彻和落实我国教育发展与改革的有关精神，我们非常欢迎全国更多的高校、高职院校老师积极地加入到本系列教材的策划与编写队伍中来。同时，希望广大师生在使用过程中提出宝贵意见，以便我们在今后的工作中不断地改进和完善，使本套教材成为高等院校的精品教材。

21 世纪高等院校应用型人才培养规划教材编审委员会

前　言

Adobe 公司推出的 Photoshop CS5 是目前使用最广泛、功能最强大的图形图像处理软件，利用该软件用户可以非常方便地绘制、编辑、修复图像，以及创建丰富的图像特效。Photoshop CS5 有标准版和扩展版两个版本。Photoshop CS5 标准版适合摄影师以及印刷设计人员使用，Photoshop CS5 扩展版除了包含标准版的功能外还添加了用于创建和编辑 3D 和基于动画内容的突破性工具。因此，Photoshop CS5 的推出更加巩固了 Adobe 公司在美术设计、彩色印刷、制版、摄影处理等诸多领域的领导地位。

为了满足读者的需求，我们结合高等学校计算机基础教育的特点，组织工作在一线且有丰富教学经验的教师精心策划、编写了本书。

本书共分 12 章。

第 1 章主要介绍图形图像处理的基础知识。

第 2 章主要介绍 Photoshop CS5 的基本操作方法，包括文件的基本操作、图像的基本编辑方法、设置图像和画布的尺寸与分辨率以及辅助工具的使用方法。

第 3 章主要介绍选区的创建与编辑的各种操作方法与技巧。

第 4 章主要介绍绘图工具以及图像修复、修饰工具的使用方法与技巧。

第 5 章主要介绍各种调整图像色彩、色调命令的操作方法与技巧。

第 6 章主要介绍图层面板、图层的创建、编辑，以及蒙版的操作方法与技巧。

第 7 章主要介绍通道面板、通道的创建、编辑，以及运用的方法与技巧。

第 8 章主要介绍路径面板、路径的创建、编辑，以及动作的运用方法与技巧。

第 9 章主要介绍文字的输入与设置的操作方法。

第 10 章主要介绍 Photoshop CS5 中各种滤镜的使用方法和技巧。

第 11 章内容是行业应用实例，通过介绍几个具有代表性的行业实例的制作过程及方法，让用户学以致用。

第 12 章内容是上机实验，是针对本书前面章节所讲的内容制作的相关实例，用来帮助用户巩固前面所学知识。

由于水平有限，不足之处在所难免，敬请广大读者批评指正。

编　者

目　录

第 1 章　图形图像处理的基础知识

Photoshop CS5 是 Adobe 公司推出的一款功能强大的图形图像处理软件，它以强大的图形图像处理功能，成为平面设计爱好者及专业设计师必不可少的工具之一。本章将主要介绍图形图像处理的一些基础知识。

本章要点

（1）矢量图和位图。
（2）像素和分辨率。
（3）图像的色彩模式。
（4）常用的图像文件格式。
（5）Photoshop 的功能特色。
（6）Photoshop CS5 的新增功能。
（7）Photoshop CS5 的启动与退出。

1.1　矢量图和位图

在计算机中处理的图形从描述原理上大致可分为两种：矢量图和位图。其中矢量图适合于技术插图，但很难在一幅矢量图像中获得聚焦和灯光的质量；而位图则能给人一种照片似的清晰感觉，其灯光、透明度和深度的质量等都能很逼真地表现出来。

1.1.1　矢量图形

矢量图形又称为向量图形，它是根据图形轮廓的几何特性来描绘图形的。绘制出图形的轮廓后，图形就具有了形状、颜色等属性，并被放置在特定的位置。每个轮廓被称为对象，而每个对象又是一个独立的个体。因此，即使对某个对象进行缩放，也不会影响图形中的其他部分，即不会出现失真现象，由此可见，矢量图形与分辨率无关，如图 1.1.1 所示。

图 1.1.1　矢量图形局部放大后效果对比

1.1.2　位图图像

位图图像又称为点阵图像或栅格图像，即由成千上万个点组成的图像，这些组成图像的点被称为像素点。每个像素点都有一个固定的位置和特定的色彩值，而每个像素点又是相互关联的。也就是说，如果把一幅位图图像由 100% 放大到 300%，图像就会失真，由此可见，位图图像与分辨率有关，如图 1.1.2 所示。

图 1.1.2　位图图像局部放大后效果对比

1.2　像素和分辨率

像素和分辨率是 Photoshop 中最常用的两个概念，图像文件的大小和质量都由它们来决定。下面对其进行具体介绍。

1.2.1　像素

图像由许多的像素组成，每个像素都具有特定的位置和颜色值，因此可以很精确地记录下图像的色调，逼真地表现出自然的图像。一幅图像中包含的像素越多，所包含的信息也就越多，因此文件越大，图像的品质也会越好。

1.2.2　分辨率

分辨率既可以指图像文件包括的细节和信息量，也可以指输入、输出或者显示设备能够产生的清晰度等级。分辨率包括设备分辨率、网屏分辨率、图形分辨率、扫描分辨率和位分辨率。

1. 设备分辨率

设备分辨率又称输出分辨率，指的是各类输出设备每英寸上可产生的点数（dpi），如显示器、喷墨打印机、激光打印机、绘图仪的分辨率。目前，PC 显示器的设备分辨率在 60～120 dpi 之间，而打印设备的分辨率则在 360～2 400 dpi 之间。

2. 网屏分辨率

网屏分辨率又称网屏幕频率，指的是打印灰度级图形或分色所用的网屏上每英寸的点数，这种分辨率通过每英寸的行数（RPI）来标定。

3．图形分辨率

图形分辨率指的是图形中存储的信息量。这种分辨率有多种衡量方法，典型的是以每英寸的像素数（PPI）来衡量。图形分辨率和图形尺寸的值一起决定文件的大小及输出质量，该值越大图形文件所占用的磁盘空间也就越多。图形分辨率以比例关系影响着文件的大小，即文件大小与其图形分辨率的二次方成正比。如果保持图形尺寸不变，将其图形分辨率提高一倍，则其文件大小增大为原来的四倍。图形分辨率也影响到图形在屏幕上的显示大小。如果在一台设备分辨率为 72 dpi 的显示器上将图形分辨率从 72PPI 增大到 144PPI（保持图形尺寸不变），那么该图形将以原图形实际尺寸的两倍显示在屏幕上。

4．扫描分辨率

扫描分辨率指在扫描一幅图形之前所确定的分辨率，它将影响所生成的图像文件的质量和使用性能，它决定图像将以何种方式显示或打印。如果扫描图像用于 640×480 像素的屏幕显示，则扫描分辨率不必大于一般显示器屏幕的设备分辨率，即一般不超过 120 dpi。但大多数情况下，扫描图形是为以后在高分辨率的设备中输出而准备的。如果图形扫描分辨率过低，图形处理软件可能会用单个像素的色值去创造一些半色调的点，这会导致输出的效果粗糙。反之，如果扫描分辨率过高，则数字图形中会产生超过打印所需要的信息，不但减慢打印速度，而且在打印输出时就会使图形色调的细微过渡丢失。一般情况下，应使用打印输出的网屏分辨率、扫描和输出图形尺寸来计算正确的扫描分辨率。用输出图形的最大尺寸乘以网屏分辨率，然后再乘以网线数比率（一般为 2：1），得到该图形所需像素总数。用像素总数除以扫描图形的最大尺寸即得到最优扫描分辨率，即图形扫描分辨率＝（输出图形最大尺寸×网屏分辨率×网线数比率）／扫描图形最大尺寸。

5．位分辨率

位分辨率又称位深，是用来衡量每个像素储存信息的位数。这种分辨率决定了每次在屏幕上可显示多少种色彩，一般常见的有 8 位、24 位或 32 位色彩。有时我们也将位分辨率称为颜色深度。

1.3　图像的色彩模式

图像的色彩模式是指图像在显示或打印输出时定义颜色的不同方式。由于每一种模式所能覆盖的色彩范围不同，都有自己的优缺点和适用范围，因此，在实际操作中需要根据不同的要求来选择所需的模式或在各个模式之间进行转换。

要查看或转换图像的色彩模式，可选择菜单栏中的 图像(I) → 模式(M) 命令，弹出其子菜单，如图 1.3.1 所示。当色彩模式前显示着"√"符号时，表示当前图像的色彩模式，选择相应的色彩模式命令，就可以进行色彩模式的转换。

图 1.3.1　模式子菜单

1.3.1　位图模式

位图色彩模式下的图像只由黑白两种颜色组成，没有中间层次，因此又叫黑白图像。它用黑和白两种颜色中的一种来显示图像中的像素，因此和其他色彩模式相比它占据磁盘空间最少。

　　在 Photoshop CS5 中，若要把一个彩色的图像转换为位图模式的图像，必须先把它转换为灰度色彩模式，再由灰度色彩模式转换为位图色彩模式。

1.3.2　灰度模式

　　灰度模式共有 256 级灰度，灰度图像中的每个像素都有一个 0（黑色）～256（白色）之间的亮度值。灰度值也可以用黑色油墨覆盖的百分比来度量（5%等于白色，100%等于黑色）。把图像转换为灰度模式后，可除去图像中所有的颜色信息，转换后的像素色度（灰阶）表示原有像素的亮度。当由灰度模式转换为 RGB 模式时，图像中像素的颜色值将取决于原来的灰度值。也就是说，灰度模式下的图像转换为 RGB 模式后，图像为黑白图像。

1.3.3　双色调模式

　　双色调模式的建立弥补了灰度图像的不足。因为虽然灰度图像能拥有 256 种灰度级别，但是放到印刷机上，每滴油墨却只能产生 50 种左右灰度效果。这意味着如果只用一种黑色油墨打印灰度图像，产生的效果将非常粗糙，因此，就可以将灰度模式的图像转换为双色调模式。双色调模式可以将尽量少的颜色表现出尽量多的颜色层次，这对于减少印刷成本是很重要的，每增加一种色调都需要增加更多的成本。

　　如果要将 RGB 等类型的彩色图像转换为双色调模式，只有转换为 8 位/通道的灰度模式的图像，才能进一步转换为双色调模式。

1.3.4　索引颜色模式

　　索引模式和灰度模式比较类似，它的每个像素点也可以有 256 种颜色容量，但它可以负载彩色。索引模式的图像最多只能有 256 种颜色。当图像转换为索引模式时，系统会自动根据图像上的颜色归纳出能代表大多数的 256 种颜色，就像一张颜色表，然后用这 256 种来代替整个图像上所有的颜色信息。索引的图像只支持一个图层，并且只有一个索引彩色通道。

　　索引模式主要用于网络上的图片传输和一些对图像像素、大小等有严格要求的地方。

1.3.5　RGB 模式

　　RGB 是色光的色彩模式。R 代表红色，G 代表绿色，B 代表蓝色，3 种色彩叠加形成了其他色彩。因为 3 种颜色都有 256 个亮度水平级，所以 3 种色彩叠加就形成了 1 670 万种颜色。

　　在 RGB 模式中，由红、绿、蓝相叠加可以产生其他颜色，因此该模式也叫加色模式。所有显示器、投影设备以及电视机等都是依赖于这种加色模式来实现的。

　　编辑图像时，RGB 色彩模式也是最佳的色彩模式，因为它可以提供全屏幕的 24 位的色彩范围，即真彩色显示。但是，如果将 RGB 模式用于打印就不是最佳的了，因为 RGB 模式所提供的有些色彩已经超出了打印的范围，所以在打印一幅真彩色的图像时，就必然会损失一部分亮度，并且比较鲜艳的色彩会失真。这主要是因为打印所用的是 CMYK 模式，而 CMYK 模式所定义的色彩要比 RGB 模式定义的色彩少很多，打印时，系统自动将 RGB 模式转换为 CMYK 模式，这样就会损失一部分颜色，出现打印失真的现象。

1.3.6 CMYK 模式

当阳光照射到一个物体上时，这个物体将吸收一部分光线，并将剩下的光线进行反射，反射的光线就是我们所看见的物体的颜色。这是一种减色色彩模式，同时也是与 RGB 模式的根本不同之处。

CMYK 代表印刷中常用的 4 种颜色，C 代表青色，M 代表洋红色，Y 代表黄色，K 代表黑色。因为在实际应用中，青色、洋红色和黄色很难叠加形成真正的黑色，最多不过是褐色而已，所以才引入了黑色（K）。黑色的作用是强化暗调，加深暗部色彩。

CMYK 模式是最佳的打印模式，RGB 模式尽管色彩多，但不能完全打印出来，因此在编辑的时候采用 RGB 模式，编辑完成后再转换为 CMYK 模式。

用 CMYK 模式编辑虽然能够避免色彩的损失，但运算速度很慢，主要原因是：一方面，即使在 CMYK 模式下工作，Photoshop 也必须将 CMYK 模式转变为显示器所使用的 RGB 模式；另一方面，对于同样的图像，RGB 模式只须处理 3 个通道即可，而 CMYK 模式则须处理 4 个通道。

1.3.7 Lab 模式

Lab 模式是由 3 种分量来表示颜色的，即一个亮度分量 L 和两个颜色分量 a 与 b。通常情况下不会用到此模式，但使用 Photoshop CS5 编辑图像时，就已经使用了 Lab 模式，因为 Lab 模式是 Photoshop CS5 内部的颜色模式。例如，要将 CMYK 模式的图像转换成 RGB 模式的图像时，Photoshop CS5 会先将 CMYK 模式转换成 Lab 模式，然后由 Lab 模式转换成 RGB 模式。

Lab 模式的最大特点是弥补了 RGB 与 CMYK 模式颜色的不足，通过 Lab 颜色模式将 RGB 颜色模式转换成 CMYK 颜色模式。因此，L，a，b 三个通道合在一起，其颜色范围包括了 RGB 与 CMYK 颜色模式所有的颜色。

1.3.8 多通道模式

多通道模式没有固定的通道数，通常可以由其他模式转换而来，而不同的模式将会产生不同的颜色通道及通道数，如 CMYK 模式转换为多通道模式时，将产生青色、洋红、黄色与黑色 4 个通道。而 Lab 颜色模式转换为多通道模式时，则会产生 Alpha 1，Alpha 2，Alpha 3 通道。

多通道模式下，每个通道仍为 8 位，即有 256 种灰度级别。因此，在将其他模式转换为多通道模式前，应在 模式(M) 子菜单中选择颜色模式为 8 位/通道(A) 。当在 RGB，CMYK 或 Lab 颜色模式的图像中删除一个通道时，会自动将图像转换为多通道模式。

1.4 常用的图像文件格式

文件格式是一种将文件以不同方式进行保存的格式。Photoshop 支持几十种文件格式，因此能很好地支持多种应用程序。在 Photoshop 中，常见的格式有 PSD，BMP，PDF，JPEG，GIF，TGA，TIFF 等。下面对其进行具体介绍。

1.4.1　PSD 格式

Photoshop 软件默认的图像文件格式是 PSD 格式，它可以保存图像数据的每一个细小部分，如层、蒙版、通道等。尽管 Photoshop 在计算过程中应用了压缩技术，但是使用 PSD 格式存储的图像文件仍然很大。不过，因为 PSD 格式不会造成任何的数据损失，所以在编辑过程中，最好还是选择将图像存储为该文件格式，以便于修改。

1.4.2　BMP 格式

BMP（Windows Bitmap）格式是 Windows 中的标准图像文件格式，此格式被大多数软件所支持，其优点是将图像进行压缩后不会丢失数据。但是，用此种压缩方式压缩文件，将需要很多的时间，而且一些兼容性不好的应用程序可能会打不开 BMP 格式的文件。此格式支持 RGB、索引颜色、灰度与位图颜色模式，而不支持 CMYK 模式的图像。

1.4.3　PDF 格式

PDF（Portable Document Format）格式是由 Adobe Systems 创建的一种文件格式，允许在屏幕上查看电子文档。这种文件格式与操作系统平台无关，也就是说，PDF 文件不管是在 Windows，Unix 还是在苹果公司的 Mac OS 操作系统中都是通用的。这一特点使它成为在 Internet 上进行电子文档发行和数字化信息传播的理想文档格式。越来越多的电子图书、产品说明、公司文告、网络资料、电子邮件开始使用 PDF 格式文件。PDF 格式文件目前已成为数字化信息事实上的一个工业标准。

1.4.4　Photoshop EPS 格式

Photoshop EPS（*.EPS）格式是最广泛地被向量绘图软件和排版软件所接受的格式。可保存路径，并在各软件间进行相互转换。若用户要将图像置入 CorelDRAW，Illustrator，PageMaker 等软件中，可将图像存储成 Photoshop EPS 格式，但它不支持 Alpha 通道。

1.4.5　JPEG 格式

JPEG（Joint Photographic Experts Group，联合图形专家组）格式是我们平时最常用的图像格式，它是一个最有效、最基本的有损压缩格式，被极大多数的图形处理软件所支持。JPEG 格式的图像还广泛用于网页的制作。如果对图像质量要求不高，但又要求存储大量图片，使用 JPEG 无疑是一个好办法。但是，对于要求进行图像输出打印，最好不使用 JPEG 格式，因为它是以损坏图像质量而提高压缩质量的。

1.4.6　GIF 格式

GIF 格式是输出图像到网页最常采用的格式。GIF 采用 LZW 压缩，限定在 256 色以内的色彩。GIF 格式以 87a 和 89a 两种代码表示。GIF87a 严格支持不透明像素，而 GIF89a 可以控制哪些区域透明，因此更大地缩小了 GIF 的尺寸。如果要使用 GIF 格式，就必须转换成索引色模式（Indexed Color），使色彩数目转为 256 或更少。

1.4.7 TGA 格式

TGA（Tagged Graphics）格式是由美国 Truevision 公司为其显示卡开发的一种图像文件格式，文件后缀为".tga"，已被国际上的图形、图像工业所接受。TGA 的结构比较简单，属于一种图形、图像数据的通用格式，在多媒体领域有很大影响，是计算机生成图像向电视转换的一种首选格式。TGA 图像格式最大的特点是可以做出不规则形状的图形、图像文件，一般图形、图像文件都为四边形，若需要有圆形、菱形甚至是缕空的图像文件时，TGA 可就发挥其作用了。TGA 格式支持压缩，使用不失真的压缩算法。在工业设计领域，使用三维软件制作出来的图像可以利用 TGA 格式的优势，在图像内部生成一个 Alpha（通道），这个功能方便了在平面软件中的工作。

1.4.8 TIFF 格式

TIFF（Tag Image File Format，有标签的图像文件格式）是 Aldus 在 Mac 初期开发的，目的是使扫描图像标准化，它是跨越 Mac 与 PC 平台最广泛的图像打印格式。TIFF 使用 LZW 无损压缩方式，大大减小了图像尺寸。另外，TIFF 格式最令人激动的功能是可以保存通道，这对于处理图像是非常有好处的。

1.5 Photoshop 的功能特色

从功能上看，Photoshop 可分为图像编辑、图像合成、校色调色以及特效制作 4 部分功能特色。下面对其进行具体介绍。

1.5.1 图像编辑

图像编辑是图像处理的基础，使用 Photoshop 软件可以对图像进行各种变换操作，如放大、缩小、旋转、倾斜、镜像以及透视等，也可以进行复制、去除斑点、修补、修饰图像的残损等。这在婚纱摄影、人像处理制作中有非常大的作用，去除人像上不满意的部分，进行美化加工，得到让人非常满意的效果，如图 1.5.1 所示。

图 1.5.1 图像编辑效果

1.5.2 图像合成

图像合成则是将几幅图像通过图层操作、工具应用合成完整的、传达明确意义的图像，这是美术设计的必经之路。Photoshop 提供的绘图工具让源图像与创意很好地融合，使图像的合成天衣无缝，如图 1.5.2 所示。

原图 1　　　　　　　　　原图 2　　　　　　　　　合成图像

图 1.5.2　图像合成效果

1.5.3 校色调色

校色调色是 Photoshop 中深具威力的功能之一，可方便快捷地对图像的色相、饱和度、明度进行调整和校正，也可在不同颜色间进行切换以满足图像在不同领域，如网页设计、印刷、多媒体等方面的应用，如图 1.5.3 所示。

图 1.5.3　校色调色效果

1.5.4 特效制作

特效制作在 Photoshop 中主要由滤镜、通道以及各种绘图与修饰工具综合应用完成，包括图像的特效创意和特效字的制作，如油画、浮雕、石膏画、素描等常用的传统美术技巧，都可以通过 Photoshop 特效完成。而各种特效字的制作更是很多美术设计师热衷于 Photoshop 软件的原因，如图 1.5.4 所示。

图 1.5.4　特效制作效果

1.6　Photoshop CS5 的新增功能

在 Photoshop CS5 中，单击标题栏中的 ⏩ 按钮，在弹出的如图 1.6.1 所示的下拉菜单中选择 `CS5 新功能` 选项，更换为相应的界面。此时，在菜单栏中单击任意菜单命令，在弹出的快捷菜单中将以蓝色显示 Photoshop CS5 的新增功能，更加方便用户查看新增的功能，如图 1.6.2 所示。

图 1.6.1　选中"CS5 新功能"选项　　　　图 1.6.2　显示 Photoshop CS5 中的新增功能

1.6.1　新增的"合并到 HDR Pro"命令

借助前所未有的速度、控制和准确度，使用"合并到 HDR Pro"命令，可以创建写实的或超现实的"HDR"图像。借助自动消除叠影以及对色调映射和调整更好的控制，用户可以获得更好的效果，甚至可以令单次曝光的照片获得"HDR"图像的外观。

（1）启动 Photoshop CS5 应用程序，选择菜单栏中的 `文件(F)` → `自动(U)` → `合并到 HDR Pro...` 命令，弹出"合并到 HDR Pro"对话框，如图 1.6.3 所示。

（2）在"合并到 HDR Pro"对话框中单击 `浏览(B)...` 按钮，弹出"打开"对话框，用户可以从中选择需要合并的图像，如图 1.6.4 所示。

图 1.6.3　"合并到 HDR Pro"对话框　　　　图 1.6.4　"打开"对话框

（3）单击 `打开(0)` 按钮，返回到"合并到 HDR Pro"对话框，此时即可将选择的文件载入，如图 1.6.5 所示。

（4）确认 ☑ `尝试自动对齐源图像(A)` 复选框为选中状态，然后单击 `确定` 按钮，将选择的图像分为不同的图层载入到一个文档中，并自动对齐图层，如图 1.6.6 所示。

图 1.6.5 载入要合并的文件

图 1.6.6 载入文件效果

（5）稍等片刻，将弹出"手动设置曝光值"对话框，在该对话框中选中 EV 单选按钮，如图 1.6.7 所示。

（6）单击 确定 按钮，将弹出"合并到 HDR Pro"对话框，如图 1.6.8 所示。

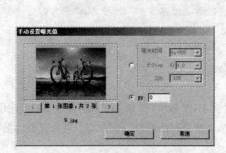

图 1.6.7 "手动设置曝光值"对话框

图 1.6.8 "合并到 HDR Pro"对话框

（7）在"合并到 HDR Pro"对话框中设置好参数后，单击 确定 按钮，得到的 HDR 图像效果如图 1.6.9 所示。

图 1.6.9 使用合并到 HDR Pro 命令效果

1.6.2 新增的 Mini Bridge 面板

借助更灵活的分批重命名功能轻松管理媒体，使用 Photoshop CS5 中的 Mini Bridge 面板，可以方便地在工作环境中访问资源。

（1）选择菜单栏中的 文件(F) → 在 Mini Bridge 中浏览(G)... 命令，即可打开"Mini Bridge"面板，如图 1.6.10 所示。

（2）在"Mini Bridge"面板中单击并拖曳其右下角，可调整面板的大小，如图 1.6.11 所示。

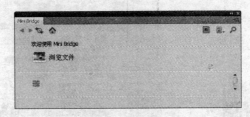

图 1.6.10　打开"Mini Bridge"面板　　　　　　　　　　图 1.6.11　调整面板大小

（3）单击面板中的"转到父文件夹、近期项目或收藏夹"按钮 ，在弹出的如图 1.6.12 所示的菜单中选择 我的电脑 命令。

（4）在"Mini Bridge"面板中选择要查看图像的路径，将图像显示在面板中，如图 1.6.13 所示。

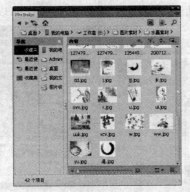

图 1.6.12　选择"我的电脑"命令　　　　　　　　　　图 1.6.13　显示图像

（5）在"Mini Bridge"面板右上角单击"面板视图"按钮 ，可以从弹出的如图 1.6.14 所示的下拉菜单中选择相应的选项，以显示出文件路径、打开导航区窗口或预览区窗口，这样可以简化窗口显示，在需要时再调出来，节省窗口占用面积。

（6）在"Mini Bridge"面板中的 内容 区域拖曳右侧的滚动条，可以浏览文件夹中的所有图像，双击图像的缩略图，或者将缩略图拖曳到文档窗口处，即可在视图中打开图像。

（7）在 内容 区域右侧单击"选择"按钮 ，可以从弹出的如图 1.6.15 所示的下拉菜单中选择任意选项，对图像文件进行各种选择操作，可以将指定的文件进行下一步的整理和修改。

（8）在 内容 区域右侧单击"按评级筛选项目"按钮 ，可以从弹出的如图 1.6.16 所示的下拉菜单中选择相应的选项，对文件进行筛选。根据文件上做的标记将符合条件的文件列出来，方便用户进行批量操作。

（9）在 内容 区域右侧单击"排序"按钮 ，可以从弹出的如图 1.6.17 所示的下拉菜单中选择相应的选项，对文件进行整理排列。如果用户要查找名称连续的文件，可以按文件名称进行排序；如果用户要查找一个大文件，也可以按大小排序以方便查找；如果用户要查找自己喜欢的文件，也可以按评级来进行排序。

（10）在 内容 区域右侧单击"工具"按钮 ，在弹出的下拉菜单中提供了 置入 和 Photoshop 两种选项，用户可以在 置入 子菜单中将文件作为智能对象置入到其他文件中，也可以在 Photoshop 子菜单中，对文件进行批处理、作为一个图层载入当前图像、合并 HDR 文件以及拼接图像等操作。

图 1.6.14　"面板视图"下拉菜单　　　图 1.6.15　"选择"下拉菜单　　　图 1.6.16　"按评级筛选项目"下拉菜单

（11）单击面板右下角的"预览"按钮 ，可以从弹出的如图 1.6.18 所示的下拉菜单中选择多种预览方案。

（12）单击面板右下角的"视图"按钮 ，可以设置文件的显示方式，如图 1.6.19 所示。

图 1.6.17　"排序"下拉菜单　　　图 1.6.18　"预览"下拉菜单　　　图 1.6.19　"视图"下拉菜单

1.6.3　精确地完成复杂选择

使用工具箱中的魔棒工具 ，可以选择一个图像中的特定区域，轻松选择复杂的图像元素，再使用 调整边缘... 命令消除选区边缘周围的背景色，自动改变选区边缘并改进蒙版，使选择的图像更加精确，甚至精确到细微的毛发部分。

（1）按"Ctrl+O"键，打开一幅图像文件，如图 1.6.20 所示。

（2）单击工具箱中的"魔棒工具"按钮 ，在其属性栏中设置好参数后，在人物图像上单击选择如图 1.6.21 所示的图像。

图 1.6.20　打开的图像文件　　　图 1.6.21　选择人物图像

（3）在魔棒工具属性栏中单击 调整边缘... 按钮，弹出"调整边缘"对话框，如图 1.6.22 所示。

（4）在"调整边缘"对话框中单击 视图: 右侧的 下拉按钮，弹出其下拉列表，可看到默认状态下"白底"选项为选中状态，如图 1.6.23 所示。

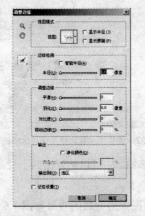

图 1.6.22　"调整边缘"对话框　　　　　图 1.6.23　"视图"下拉列表

（5）按"F"键，可循环切换视图，以便更加清晰地观察选取的图像。

（6）在 边缘检测 选项区中的 半径(U): 输入框中输入数值，可以调节选区边缘的扩展区域大小，其值越大，边缘扩展区域越大，如图 1.6.24 所示。

输入值为"0"　　　　　　　　　　　　　输入值为"250"

图 1.6.24　更改边缘扩展区域大小

（7）在 边缘检测 选项区中的 ☑ 智能半径(A) 复选框，系统将根据图像智能的调整扩展区域。

（8）单击对话框左上方的"缩放工具"按钮 🔍，然后在视图中单击，将图像放大，再使用抓手工具 👋 查看图像的部分区域，如图 1.6.25 所示。

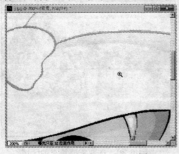
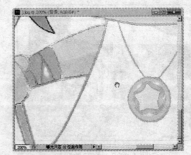

图 1.6.25　放大显示图像

（9）单击对话框左上方的"调整半径工具"按钮 🖌，可以在视图中未去除背景图像的位置单击，手动扩展区域，如图 1.6.26 所示。

（10）在 调整边缘 选项区中可以通过设置 平滑(H):、 羽化(E):、 对比度(C): 以及 移动边缘(S): 选项参数，使抠出的人物图像更加自然，如图 1.6.27 所示。

图 1.6.26　手动扩展区域　　　　　　图 1.6.27　设置"调整边缘"选项区中的参数效果

（11）在 输出 选项区中单击 输出到(O): 右侧的下拉按钮 ▼，可以从弹出的下拉菜单中选择任意一种输出方式，在此选择图层蒙版。

（12）设置好参数后，单击 确定 按钮，调整图像边缘后的效果如图 1.6.28 所示。

图 1.6.28　调整图像边缘后的效果

1.6.4　新增的内容识别填充功能

在 Photoshop CS5 中还新增了内容感知自动填充功能，此功能可以帮助用户在画面上轻松地改变或创建物体，也可以对图像进行修改、填充、移动或删除，应用智能化的感应进行识别填充。

（1）按"Ctrl+O"键，打开一幅需要修复的图像文件，如图 1.6.29 所示。

（2）单击工具箱中的"矩形选框工具"按钮 □，在需要填充的图像上创建如图 1.6.30 所示的矩形选区。

图 1.6.29　打开的图像　　　　　　图 1.6.30　选取需要填充的区域

（3）选择菜单栏中的 编辑(E) → 填充(L)... 命令，弹出"填充"对话框，在内容选项区中的 使用(U): 下拉列表中选择 内容识别，如图 1.6.31 所示。

（4）其他选项为默认值，设置好参数后，单击 确定 按钮，效果如图 1.6.32 所示。

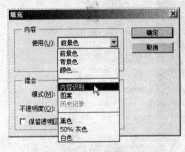

图 1.6.31　"填充"对话框　　　　　　图 1.6.32　内容识别填充效果

1.6.5　新增的"镜头校正"滤镜

镜头校正滤镜可根据 Adobe 对各种相机与镜头的测量自动校正，可更轻易消除桶状和枕状变形、相片周边暗角，以及造成边缘出现彩色光晕的色相差。

（1）按"Ctrl+O"键，打开一幅扭曲变形的图像文件，如图 1.6.33 所示。

（2）选择菜单栏中的 滤镜(T) → 镜头校正(R)... 命令，弹出"镜头校正"对话框，如图 1.6.34 所示。

图 1.6.33　打开的图像文件　　　　　图 1.6.34　"镜头校正"对话框

（3）在 自动校正 选项卡中的 搜索条件 选项区中，可以设置相机的品牌、型号以及镜头型号，如图 1.6.35 所示。

（4）此时，校正 选项区中的选项为可用状态，用户可以选择需要自动校正的复选框校正图像，如图 1.6.36 所示。

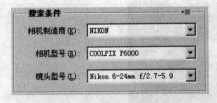

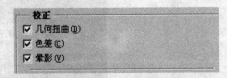

图 1.6.35　设置搜索条件参数　　　　图 1.6.36　选择自动校正的复选框

（5）在对话框的左侧单击"移去扭曲工具"按钮，向图像的中心或者偏移图像的中心移动，可手动校正图像。

（6）在对话框的左侧单击"缩放工具"按钮，然后在预览窗口中单击，可将图像放大。同时，可以使用抓手工具单击并拖动预览图像，方便查看图像，如图 1.6.37 所示。

图 1.6.37　缩放并预览图像效果

（7）如果对校正扭曲的效果还不满意，可以单击对话框中的 **自定** 选项卡，打开如图 1.6.38 所示的选项卡参数，用户可以通过设置各选项参数精确的校正扭曲。

（8）设置好各选项参数后，单击 **确定** 按钮，校正镜头变形效果如图 1.6.39 所示。

图 1.6.38　"自定"选项卡参数

图 1.6.39　校正镜头变形效果

1.6.6　出众的绘画效果

借助混色器画笔和毛刷笔尖，用户可以创建逼真、带纹理的笔触，轻松地将图像转变为绘图或创建独特的艺术效果。

（1）按"Ctrl+O"键，打开一幅图像文件，如图 1.6.40 所示。

图 1.6.40　打开的图像文件

（2）单击工具箱中的"混合器画笔"工具 ，设置其属性栏参数如图 1.6.41 所示。

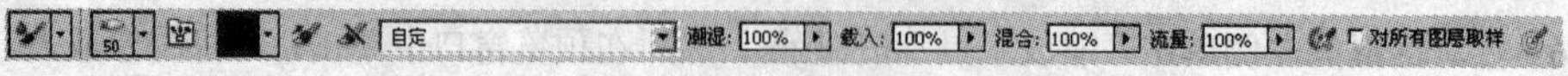

图 1.6.41　"混合器画笔"属性栏

（3）设置好参数后，使用混色器画笔在图像上涂抹，将绘制出具有混合图像效果的笔触，效果如图 1.6.42 所示。

图 1.6.42　使用混色器画笔在图像上涂抹效果

1.6.7　增强的 3D 功能

在 Photoshop CS5 中，对模型设置灯光、材质、渲染等方面都得到了增强。结合这些功能，在 Photoshop 中可以绘制透视精确的三维效果图，也可以辅助三维软件创建模型的材质贴图，大大拓展了 Photoshop 的应用范围。

（1）按 "Ctrl+O" 键，打开一个图像文件，如图 1.6.43 所示。

（2）选择菜单栏中的 窗口(W) → 3D 命令，打开 3D 面板，对打开的图像添加立体环绕效果，设置其参数如图 1.6.44 所示。

图 1.6.43　打开的图像文件　　　　　　图 1.6.44　3D 面板

（3）设置好参数后，单击 创建 按钮，对图像添加立体环绕后的效果如图 1.6.45 所示。

（4）在打开的 3D 面板中对三维立体图像进行三维旋转和变形，并对其添加灯光效果，如图 1.6.46 所示。

图 1.6.45　对图像添加立体环绕效果　　　　　图 1.6.46　使用 3D 功能效果

1.6.8　新增的操控变形功能

使用新增的操控变形功能可以对任何图像元素进行精确的重新定位，创建出视觉上更具吸引力的照片。例如，轻松伸直一个弯曲角度不自然的手臂，精确实现图形、文本或图像元素的变形或拉伸，为设计创建出独一无二的新外观。

（1）按"Ctrl+O"键，打开一个图像文件，如图 1.6.47 所示。

（2）双击背景图层，将其转换为普通图层，然后选择菜单栏中的 编辑(E) → 操控变形 命令，图片上将会出现如图 1.6.48 所示的网格。

图 1.6.47　打开的图像文件　　　　图 1.6.48　显示操控变形网格

（3）此时，可以在属性栏中通过 浓度: 下拉列表设置网格的浓度，然后在网格上单击鼠标右键，从弹出的快捷菜单中选择 隐藏网格 命令，隐藏网格。

（4）在人物主要关节处单击鼠标左键添加图钉，如图 1.6.49 所示。

（5）按住"Alt"键，当鼠标指针变为 ✂ 形状时，可以删除该图钉；当鼠标指针变为 ↴ 形状时，可以旋转图钉来控制关节，操控变形后的效果如图 1.6.50 所示。

图 1.6.49　隐藏网格并添加图钉　　　　图 1.6.50　使用操控变形效果

1.6.9　新增的选择性粘贴

Photoshop CS5 新增了选择性粘贴命令，在该命令中还包括了 3 个子命令，分别为原位粘贴命令、贴入命令和外部粘贴命令。用户可以根据需要在复制图像的原位置粘贴图像，或者有所选择地粘贴复制图像的某一部分。

（1）打开一个人物图像文件，按住"Ctrl"键，单击图层面板中的人物图层，将人物图像载入选区，再按"Ctrl+C"键复制图像，如图 1.6.51 所示。

（2）打开一个背景图像文件，然后选择菜单栏中的 编辑(E) → 选择性粘贴(I) → 原位粘贴(P) 命令，将复制的图像原位置粘贴，效果如图 1.6.52 所示。

图 1.6.51　将图片载入选区

图 1.6.52　将图像原位置粘贴效果

（3）使用选择工具选中图层 1 中的沙发图像，如图 1.6.53 所示。

图 1.6.53　在图层 1 中创建选区

（4）打开一幅图像，按"Ctrl+A"键全选图像，再按"Ctrl+C"键复制图像，如图 1.6.54 所示。

（5）切换到人物图像中，选择菜单栏中的 编辑(E) → 选择性粘贴(I) → 贴入(I) 命令，将复制的图像贴入到选区中，效果如图 1.6.55 所示。

图 1.6.54　打开的图案

图 1.6.55　贴入图像效果

（6）打开一幅小提琴图像，全选图像后按"Ctrl+C"键复制图像。

（7）将图层 1 载入选区，然后选择菜单栏中的 编辑(E) → 选择性粘贴(I) → 外部粘贴(O) 命令，将复制的图像粘贴到图像中，效果如图 1.6.56 所示。

图 1.6.56　外部粘贴图像效果

1.7　Photoshop CS5 的启动与退出

Photoshop CS5 的安装过程比较简单，只要将光盘中的 Photoshop CS5 程序安装到计算机上即可使用，在安装的过程中用户只要按照系统的提示进行操作即可。下面介绍启动与退出 Photoshop CS5 的具体方法。

1.7.1　Photoshop CS5 的启动

启动 Photoshop CS5 主要有以下几种方法：

（1）用鼠标双击桌面上的 Photoshop CS5 快捷方式图标（见图 1.7.1），即可启动 Photoshop CS5 应用程序并进入其工作界面。

（2）选择 开始 → 所有程序(P) → Ps Adobe Photoshop CS5 命令，即可启动 Photoshop CS5，如图 1.7.2 所示。

图 1.7.1　Photoshop CS5 快捷方式　　　　图 1.7.2　启动 Photoshop CS5

（3）用鼠标双击已经存盘的任意一个 PSD 格式的 Photoshop 文件，可进入 Photoshop CS5 工作界面并打开该文件。

1.7.2　Photoshop CS5 的退出

退出 Photoshop CS5 主要有以下几种方法：

（1）单击 Photoshop CS5 工作界面右上角的"关闭"按钮 ✕ 。

（2）进入工作界面后，选择菜单栏中的 文件(F) → 退出(X) 命令即可。

（3）按"Alt+F4"键或"Ctrl+Q"键，即可退出 Photoshop CS5。

本 章 小 结

本章主要介绍了图形图像处理的基础知识，通过本章的学习，读者应了解图形图像处理的一些基本概念和 Photoshop 的功能特色，并熟练掌握 Photoshop CS5 的新增功能以及 Photoshop CS5 的启动与退出的方法。

习　题　一

一、填空题

1. Photoshop CS5 是_____公司推出的一款功能强大的_____软件。

2. 计算机所处理的图像从其描述原理上可以分为两类，即_____图与_____图。

3. _____又称为向量图形，它是根据图形轮廓的几何特性来描绘图形的。

4. 分辨率是指_____，单位长度内_____越多，图像就越清晰。

5. 图像的_____与图像的精细度和图像文件的大小有关。

6. Photoshop CS5 默认的保存格式为_____或_____，此格式也可以保存_____。

7. 分辨率包括_____、_____、_____、_____和位分辨率。

8. 使用_____可根据 Adobe 对各种相机与镜头的测量自动校正，可更轻易消除桶状和枕状变形、相片周边暗角，以及造成边缘出现彩色光晕的色相差。

9. 使用新增的_____功能可以对任何图像元素进行精确的重新定位，创建出视觉上更具吸引力的照片。

10. 按_____键或_____键，可以退出 Photoshop CS5 应用程序。

二、选择题

1. 从功能上看，Photoshop CS5 可分为 4 部分功能特色，其中（　）是图像处理的基础。

　　（A）特效制作　　　　　　　　　　（B）图像合成

　　（C）校色调色　　　　　　　　　　（D）图像编辑

2. （　）模式没有色相的概念，因为它是由黑色与白色以及从黑色到白色之间的过渡构成的。

　　（A）位图　　　　　　　　　　　　（B）明度

　　（C）灰度　　　　　　　　　　　　（D）Lab

3. （　）模式常用于图像打印输出与印刷。

　　（A）CMYK　　　　　　　　　　　（B）RGB

　　（C）HSB　　　　　　　　　　　　（D）Lab

4. （　）格式是一种图像文件压缩率很高的有损压缩文件格式。

　　（A）PSD　　　　　　　　　　　　（B）JPEG

　　（C）GIF　　　　　　　　　　　　（D）TIFF

三、简答题

1. 简述图像的色彩模式。

2. 简述像素与分辨率的概念。

3. Photoshop CS5 有哪些新增功能？

四、上机操作

练习使用多种方法启动与退出 Photoshop CS5。

第 2 章　Photoshop CS5 的基本操作

对于 Photoshop 初学者来说，应该先掌握最基本的操作和设置，熟练掌握一些设置方法，这样会使以后的学习更加方便、快捷。

本章要点

（1）工作界面简介。
（2）文件的基本操作。
（3）图像的基本操作。
（4）"首选项"参数设置。
（5）辅助工具的设置。
（6）图像颜色的设置。

2.1　工作界面简介

启动 Photoshop CS5 中文版后，其工作界面与 Photoshop 以前的版本大同小异，如图 2.1.1 所示。

图 2.1.1　Photoshop CS5 的工作界面

2.1.1　标题栏

标题栏位于工作界面的最上方，分为 3 部分，其左侧显示了应用程序的图标、快速启动 Bridge 或 Mini Bridge 程序的按钮以及显示切换视图显示模式等选项；中间有 6 个按钮，用于选择工作区；

右侧有 3 个按钮，分别为"最大化"按钮 ▣（"还原"按钮 ▣）、"最小化"按钮 ▬ 和"关闭"按钮 ✖，如图 2.1.2 所示。

图 2.1.2　标题栏

2.1.2　菜单栏

菜单栏位于标题栏的下方，其中包含了 Photoshop CS5 中的所有命令，用户通过使用菜单栏中的命令几乎可以实现 Photoshop CS5 中的全部功能。其中 Photoshop CS5 中共有 11 个菜单选项，如图 2.1.3 所示。

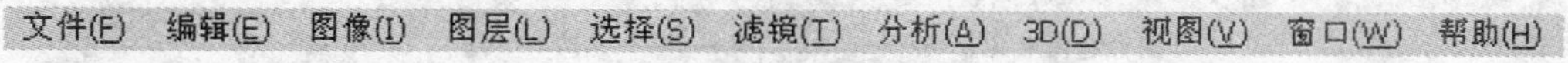

文件(F)　编辑(E)　图像(I)　图层(L)　选择(S)　滤镜(T)　分析(A)　3D(D)　视图(V)　窗口(W)　帮助(H)

图 2.1.3　Photoshop CS5 的菜单栏

单击菜单栏中任意一项，都可以弹出下拉菜单，如果其中的命令显示为黑色，表示此命令可用；如果显示为灰色，则表示此命令目前不可用。另外，有些菜单命令后有快捷键，表示按相应的快捷键即可执行该命令，如选择 编辑(E) → 自由变换(F) 命令，可显示出图像的调节框，用于可拖曳调节点对图像进行自由变化操作。按"Ctrl+T"键也可显示出图像的调节框。

2.1.3　属性栏

在属性栏中，用户可以根据需要设置工具箱中各种工具的属性，使工具在使用中变得更加灵活，有助于提高工作效率。其属性栏中的内容在选择不同的工具或进行不同的操作时会发生变化，如图 2.1.4 所示为"污点修复画笔工具"属性栏。

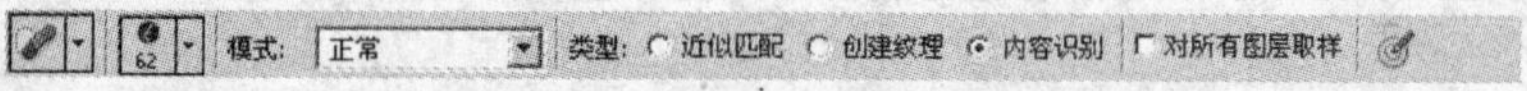

图 2.1.4　"污点修复画笔工具"属性栏

2.1.4　图像编辑区

在 Photoshop 中图像编辑区域也称为图像窗口，是工作界面中打开的图像文件窗口。如图 2.1.5 所示为图像窗口的标题栏，图像窗口是 Photoshop 的常规工作区，用于显示、浏览和编辑图像文件。图像窗口带有标题栏，分为两部分，左侧为文件名、缩放比例和色彩模式等信息；右侧是 3 个按钮，其功能与工作界面中的标题栏右侧的 3 个按钮功能相同。当图像窗口为"最大化"状态时，将与 Photoshop CS5 工作界面共用标题栏。

图 2.1.5　图像窗口标题栏

2.1.5　工具箱

工具箱位于工作界面的最左侧，其中包含了 Photoshop CS5 中使用的各种工具，要使用某种工具，只要单击该工具按钮即可，如图 2.1.6 所示。如果工具按钮右下方有一个黑色小三角，则表示该工具按钮中还有隐藏的工具，单击该工具并按住鼠标左键不放，或单击鼠标右键，就可以弹出工具组中的其他工具，将鼠标移至弹出的工具组中，单击所需要的工具按钮，该工具就会出现在工具箱中。

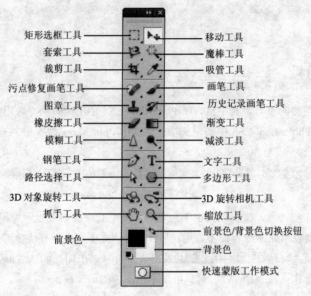

矩形选框工具 —— 移动工具
套索工具 —— 魔棒工具
裁剪工具 —— 吸管工具
污点修复画笔工具 —— 画笔工具
图章工具 —— 历史记录画笔工具
橡皮擦工具 —— 渐变工具
模糊工具 —— 减淡工具
钢笔工具 —— 文字工具
路径选择工具 —— 多边形工具
3D 对象旋转工具 —— 3D 旋转相机工具
抓手工具 —— 缩放工具
—— 前景色/背景色切换按钮
前景色 —— 背景色
—— 快速蒙版工作模式

图 2.1.6　Photoshop CS5 工具箱

2.1.6　面板

面板是在 Photoshop 中经常使用的工具，一般用于修改显示图像的信息。Photoshop CS5 包括图层、通道、路径、字符、段落、信息、导航器、颜色、色板、样式、历史记录、动作、画笔等多种面板。

在系统默认的情况下，这些面板以图标的形式显示在一起，如图 2.1.7（a）所示。单击相应的图标可打开对应的面板，如图 2.1.7（b）所示。

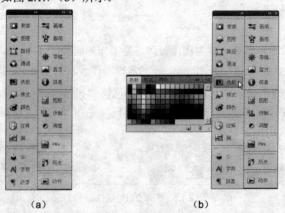

（a）　　　　　　　　　　　（b）

图 2.1.7　面板

在 Photoshop 中也可将某个面板显示或隐藏，要显示某个面板，选择 窗口(W) 菜单中的面板名称，即可显示该面板；要隐藏某个面板窗口，单击面板窗口右上角的 按钮即可。

单击面板右上角的"面板菜单"按钮 可显示面板菜单，如图 2.1.8 所示，从中选择相应的命令可编辑图像。

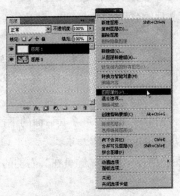

图 2.1.8　显示面板菜单

此外，按"Shift+Tab"键可同时显示或隐藏所有打开的面板；按"Tab"键可以同时显示或隐藏所有打开的面板以及工具箱和属性栏。使用这两种方法可以快速增大屏幕显示空间。

2.1.7　状态栏

Photoshop CS5 中的状态栏位于打开图像文件窗口的最底部，由 3 部分组成，如图 2.1.9 所示。最左边显示当前打开图像的显示比例，它与图像窗口标题栏的显示比例一致；中间部分显示当前图像文件的信息；最右边显示当前操作状态及操作工具的一些帮助信息。

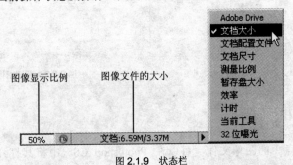

图 2.1.9　状态栏

2.2　文件的基本操作

在 Photoshop CS5 中，支持多种图像文件格式的操作，也可以实现不同图像文件格式之间的相互转换。Photoshop 中文件的基本操作主要包括新建、打开、保存以及关闭图像等。

2.2.1　新建图像文件

启动 Photoshop CS5 后，如果想要建立一个新图像文件再进行编辑，则需要先新建一个图像文件。其具体的操作如下：

（1）选择菜单栏中的 文件(E) → 新建(N)... 命令或按"Ctrl+N"键，都可弹出"新建"对话框，如图 2.2.1 所示。

（2）在"新建"对话框中可对以下各项参数进行设置：

1）名称(N)：用于输入新文件的名称。Photoshop 默认的新建文件名为"未标题-1"，如连续新建多个，则文件按顺序默认为"未标题-2""未标题-3"，依此类推。

2）宽度(W)：与高度(H)：用于设置图像的宽度与高度，在其输入框中输入具体数值。但在设置前需要确定文件尺寸的单位，在其后面的下拉列表中选择需要的单位，有像素、英寸、厘米、毫米、点、派卡与列。

3）分辨率(R)：用于设置图像的分辨率，并可在其后面的下拉列表中选择分辨率的单位，分别是像素/英寸与像素/厘米，通常使用的单位为像素/英寸。

4）颜色模式(M)：用于设置图像的色彩模式，并可在其右侧的下拉列表中选择色彩模式的位数，有 1 位、8 位与 16 位。

5）背景内容(C)：该下拉列表框用于设置新图像的背景层颜色，其中有 3 种方式可供选择，即白色、背景色与透明。如果选择背景色选项，则背景层的颜色与工具箱中的背景色颜色框中的颜色相同。

6）预设(P)：在此下拉列表中可以对选择的图像尺寸、分辨率等进行设置。

（3）设置好参数后，单击　　确定　　按钮，就可以新建一个空白图像文件，如图 2.2.2 所示。

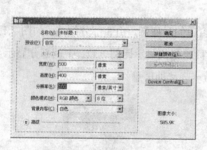 

图 2.2.1　"新建"对话框　　　　　　　图 2.2.2　新建图像文件

2.2.2　打开图像文件

对于已存储在硬盘上的图像文件，可以在 Photoshop CS5 中将其打开并进行编辑处理。在 Photoshop CS5 中可以打开 20 多种不同格式类型的文件，同一个文件可以有不同的打开方式，可以根据需要进行选择。

1. 直接打开文件

直接打开文件可以通过打开命令或按"Ctrl+O"键来完成，其具体的操作方法如下：

（1）选择菜单栏中的文件(F)→打开(O)命令，或按"Ctrl+O"键，可弹出如图 2.2.3 所示的"打开"对话框。

（2）在查找范围(I)：下拉列表中选择图像文件所存储的路径，即所在的文件夹。

（3）在文件类型(T)：下拉列表中选择要打开的图像文件格式，如果选择所有格式选项，则全部文件的格式都会显示在对话框中。

（4）在文件夹列表中选择要打开的图像文件后，在"打开"对话框的底部可以预览图像缩略图和文件的字节数，单击打开(O)按钮，即可将指定的文件打开，然后在 Photoshop CS5 界面中将出现一个图像文件窗口，如图 2.2.4 所示。

图 2.2.3　"打开"对话框　　　　　　　　图 2.2.4　打开图像文件

2. 以指定格式打开文件

可以把已保存在磁盘中的图像文件按指定的格式打开，在这种情况下，就必须通过"打开为"命令来完成。以指定格式打开文件的操作方法如下：

（1）选择菜单栏中的 文件(F) → 打开为... 命令，或按"Ctrl+Alt+O"键，弹出"打开为"对话框，如图 2.2.5 所示。

（2）在该对话框中选择需要打开的文件，在 打开为 下拉列表中选择所需的格式，如图 2.2.6 所示。

图 2.2.5　"打开为"对话框　　　　　　　图 2.2.6　选择打开格式

（3）单击 打开(O) 按钮，即可根据所指定的格式打开所选的图像文件。

在使用"打开为"命令打开文件时，如果文件未打开，则选择的格式可能与文件的实际格式不匹配或文件已损坏。

2.2.3　保存图像文件

图像文件操作完成后，都要将其保存起来，以免发生各种意外情况导致操作被迫中断。保存文件的方法有多种，包括存储、存储为以及存储为 Web 所用格式等，这几种存储文件的方式各不相同。

要保存新的图像文件，可选择菜单栏中的 文件(F) → 存储(S) 命令，或按"Ctrl+S"键，将弹出"存储为"对话框，如图 2.2.7 所示。

在 保存在(I): 下拉列表中可选择保存图像文件的路径，可以将文件保存在硬盘、U 盘或网络驱动器上。

在 文件名(N): 下拉列表框中可输入需要保存的文件名称。

在 格式(F): 下拉列表中可以选择图像文件保存的格式。Photoshop CS5 默认的保存格式为 PSD 或 PDD，此格式可以保留图层，若以其他格式保存，则在保存时 Photoshop CS5 会自动合并图层。

设置好各项参数后，单击 保存(S) 按钮，即可按照所设置的路径及格式保存新的图像文件。

图像保存后又继续对图像文件进行各种编辑，选择菜单栏中的 文件(F) → 存储(S) 命令，或按 "Ctrl+S" 键，将直接保留最终确认的结果，并覆盖原始图像文件。

图像保存后，在继续对图像文件进行各种修改与编辑后，若想重新存储为一个新的文件并想保留原图像，可选择菜单栏中的 文件(F) → 存储为(A)... 命令，或按 "Shift+Ctrl+S" 键，弹出 "另存为" 对话框，在其中设置各项参数，然后单击 保存(S) 按钮，即可完成图像文件的 "另存为" 操作。

若要将图像保存为适合于网页的格式，可选择菜单栏中的 文件(F) → 存储为 Web 和设备所用格式(D)... 命令，或按 "Ctrl+Alt+Shift+S" 键，弹出 "存储为 Web 和设备所用格式" 对话框，如图 2.2.8 所示。在该对话框中可通过对各选项的设置，优化网页图像，将图像保存为适合于网页的格式。

图 2.2.7　"存储为" 对话框　　　　　图 2.2.8　"存储为 Web 和设备所用格式" 对话框

2.2.4　导入图像文件

Photoshop CS5 中的导入功能是通过 置入(L)... 命令和 导入(M) 命令实现的，用户可以根据实际处理需要进行相应操作。

选择菜单栏中的 文件(F) → 置入(L)... 命令，在弹出的 "置入" 对话框中用户可以选择 AI, EPS, PDF 或 PNG 等文件格式的图像文件，然后单击 置入(P) 按钮将选择的图像文件导入至 Photoshop CS5 当前的图像文件窗口中。

导入(M) 命令的主要作用是直接将输入设备上的图像文件导入 Photoshop CS5 中使用。这种导入方式与 置入(L)... 命令不同之处在于，它会新建一个图像文件窗口，然后将从外部输入设备获得的图像导入至新创建的图像文件窗口中。如果用户已经安装了扫描仪等输入设备，此时在 导入(M) 命令的子菜单中会显示扫描仪等输入设备的名称，选择相应设备的名称，即可将从输入设备获得的图像文件导入至 Photoshop CS5 中进行处理或使用。

新建或打开一个需要向其中插入图形的图像文件，然后选择菜单栏中的 文件(F) → 置入(L)... 命令，弹出 "置入" 对话框，如图 2.2.9 所示。

从该对话框中选择要插入的文件（如文件格式为 AI 的图形文件），单击 置入(P) 按钮，可将所选的图形文件置入到新建的图像中，如图 2.2.10 所示。

图 2.2.9 "置入"对话框　　　　　图 2.2.10　置入 AI 文件

此时的 AI 图形被一个控制框包围，可以通过拖拉控制框调整图像的位置、大小和方向。设置完成后，按回车键确认插入 AI 图像，如图 2.2.11 所示，如果按"Esc"键则会放弃插入图像的操作。

图 2.2.11　置入图形后的效果

2.2.5　关闭图像文件

要关闭某个图像文件，只须关闭该文件对应的文件窗口即可，其方法为单击文件窗口右上角的"关闭"按钮 ❌ ，或选择菜单栏中的 文件(F) → 关闭(C) 命令。

如果被关闭的文件进行了修改而未保存，则此时系统会弹出一个提示框，如图 2.2.12 所示，询问用户是否在关闭前保存文件。单击 是(Y) 按钮，系统将保存文件；如果是新建文件，系统则会弹出"存储为"对话框，存盘后，文件窗口将被关闭；单击 否(N) 按钮，系统将放弃此次对文件所做的修改，直接关闭文件窗口；单击 取消 按钮，则取消关闭文件操作。

图 2.2.12　提示框

提示： 如果打开了多个图像窗口，并想将它们全部关闭，可选择菜单栏中的 文件(F) → 关闭全部 命令或按"Alt+Ctrl+W"键。

2.3　图像的基本操作

在 Photoshop CS5 中处理图像时，为了更清晰地观看图像或处理图像，需要对图像进行一些缩放与移动或改变图像窗口的显示模式。

2.3.1　缩放与移动图像

有时为处理图像的某一个细节，需要将这一区域放大显示，以使处理操作更加方便；而有时为查看图像的整体效果，则需要将图像缩小显示。

1．使用菜单命令

打开 视图(V) 菜单，其中有 5 个用于控制图像显示比例的命令，如图 2.3.1 所示。放大(I) 和 缩小(O) 命令可以放大和缩小显示比例，而 按屏幕大小缩放(F) 、 实际像素(A) 和 打印尺寸(Z) 命令则与缩放工具属性栏中的 3 个按钮相对应。

使用缩放工具在图像窗口中单击鼠标右键，可弹出缩放命令的快捷菜单，如图 2.3.2 所示。

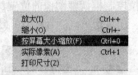
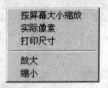

图 2.3.1　视图菜单中的缩放命令　　　　　　图 2.3.2　快捷菜单

2．使用缩放工具

在工具箱中单击缩放工具按钮 ，将鼠标移至图像窗口中，鼠标光标显示为 形状，此时在图像中单击鼠标左键，可放大图像的显示比例。将鼠标移至图像窗口中时，按住"Alt"键，此时鼠标光标显示为 形状，在图像中单击，则可缩小图像显示比例。

使用缩放工具还可以指定放大图像中的某一区域，其方法是将缩放工具 移至图像窗口中，当光标显示为 形状时，拖动鼠标选取某一块需要放大显示的区域，松开鼠标即可，如图 2.3.3 所示。

图 2.3.3　放大显示选定的区域

选择缩放工具后，在其属性栏中将显示设置缩放工具的相关属性，如图 2.3.4 所示。

图 2.3.4　"缩放工具"属性栏

☑ 调整窗口大小以满屏显示 ：选中此复选框，Photoshop 会在调整显示比例的同时自动调整图像窗口大小，使图像以最合适的窗口大小显示。

☑ 缩放所有窗口 ：选中此复选框，Photoshop 会对当前打开的所有窗口中的文档进行缩放。

实际像素 ：单击此按钮，图像将以 100%的比例显示，与双击缩放工具的作用相同。

适合屏幕 ：单击此按钮，可在窗口中以最合适大小和比例显示图像。

填充屏幕 ：单击此按钮，可使图像大小与文档窗口相匹配。

打印尺寸 ：单击此按钮，可使图像以实际打印的尺寸显示。

3．使用导航器面板

使用导航器面板可以方便地控制图像的缩放显示。在此面板左下角的输入框中可输入放大与缩小的比例，然后按回车键。也可以用鼠标拖动面板下方调节杆上的三角滑块，向左拖动则使图像显示缩小，向右拖动则使图像显示放大。导航器面板显示如图 2.3.5 所示。

导航器面板窗口中的红色方框表示图像显示的区域，拖动方框，可以发现图像显示的窗口也会随之改变，如图 2.3.6 所示。

图 2.3.5　导航器面板　　　　　　图 2.3.6　拖动方框显示某区域中的图像、

2.3.2　裁剪图像

在图像的处理中，经常需要对图像局部进行裁剪，以符合图像处理要求。图像的裁剪主要用裁剪工具 来完成。裁剪工具的属性栏如图 2.3.7 所示。

图 2.3.7　"裁剪工具"属性栏

用户可在 宽度: 和 高度: 文本框中输入数值来确定图像裁剪的宽度和高度的比例。例如在 宽度: 文本框中输入 10 cm，在 高度: 文本框中输入 20 cm，那么，裁剪的范围就会按照宽:高=1:2 的比例确定裁剪范围，蚂蚁线中为保留的图像，如图 2.3.8 所示。

用户也可以自定义图像的裁剪范围或对裁剪对象进行旋转、缩放等操作，如图 2.3.9 所示。

图 2.3.8　图像的裁剪　　　　　　图 2.3.9　裁剪对象的旋转与缩放

2.3.3　图像的显示模式

为了方便操作，Photoshop CS5 提供了 3 种不同的屏幕显示模式，分别为标准屏幕模式、带有菜单栏的全屏模式和全屏模式。

选择菜单栏中的 视图(V) → 屏幕模式(M) → 标准屏幕模式 命令，可以显示默认窗口，如图 2.3.10

所示。此模式下，可显示 Photoshop 的所有组件，如菜单栏、工具箱、标题栏、状态栏与属性栏等。

图 2.3.10　标准屏幕模式

选择菜单栏中的 视图(V) → 屏幕模式(M) → 带有菜单栏的全屏模式 命令，可切换至带有菜单栏的全屏模式，如图 2.3.11 所示。此模式下，不显示标题栏，只显示菜单栏，以使图像充满整个屏幕。

图 2.3.11　带有菜单栏的全屏模式

选择菜单栏中的 视图(V) → 屏幕模式(M) → 全屏模式 命令，可切换至全屏模式，如图 2.3.12 所示。此模式下，图像之外的区域以黑色显示，并会隐藏菜单栏与标题栏。在此模式下可以非常全面地查看图像效果。

图 2.3.12　全屏模式

提示：连续按"F"键多次，可以在 3 种屏幕显示模式之间切换，也可以按"Tab"键或"Shift+Tab"键，显示或隐藏工具箱与控制面板。

2.3.4　调整图像大小

利用"图像大小"命令，可以调整图像的大小、打印尺寸以及图像的分辨率，下面具体介绍调整图像大小的方法。

（1）打开一幅需要改变大小的图像。

（2）选择菜单栏中的 图像(I) → 图像大小(I)... 命令，弹出"图像大小"对话框，其对话框中的参数如图 2.3.13 所示。

（3）在 像素大小: 选项区中的 宽度(W): 与 高度(H): 输入框中可设置图像的宽度与高度。改变像素大小后，会直接影响图像的品质、屏幕图像的大小以及打印效果。

（4）在 文档大小: 选项区中可设置图像的打印尺寸与分辨率。默认状态下，宽度(D): 与 高度(G): 被锁定，即改变 宽度(D): 与 高度(G): 中的任何一项，另一项都会按相应的比例改变。

（5）选中 ☑ 约束比例(C) 复选框，在改变图像的宽度和高度时，将自动按比例进行调整，以使图像的宽度和高度比例保持不变。

（6）选中 ☑ 重定图像像素(I): 复选框，在改变打印分辨率时，将自动改变图像的像素数，而不改变图像的打印尺寸。

（7）可以通过单击 两次立方（适用于平滑渐变） ▼ 下拉列表右侧的 ▼ 下拉按钮，在弹出的如图 2.3.14 所示的下拉列表中选择进行内插的方法。

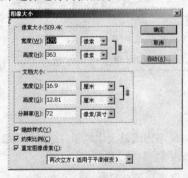

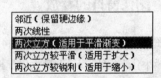

图 2.3.13　"图像大小"对话框　　　　图 2.3.14　选择进行内插的方法

（8）设置好参数后，单击 确定 按钮，即可改变图像的大小。

2.3.5　调整画布大小

更改画布大小的具体操作方法如下：

（1）打开一幅需要改变画布大小的图像，如图 2.3.15 所示。

（2）选择菜单栏中的 图像(I) → 画布大小(S)... 命令，弹出"画布大小"对话框，其对话框中的参数如图 2.3.16 所示。

（3）在 新建大小: 选项区中的 宽度(W): 与 高度(H): 输入框中输入数值，可重新设置图像的画布大小；在 定位: 选项中可选择画布的扩展或收缩方向，单击框中的任何一个方向箭头，该箭头的位置可变为白色，图像就会以该位置为中心进行设置。

图 2.3.15　打开的图像

图 2.3.16　"画布大小"对话框

（4）设置好参数后，单击 ▢ 确定 ▢ 按钮，可以按照所设置的参数改变画布大小，如图 2.3.17 所示。

图 2.3.17　改变画布大小

提示： 默认状态下，图像位于画布中心，画布向四周扩展或向中心收缩，画布颜色为背景色。如果希望图像位于其他位置，只须单击 定位: 选项区中相应位置的小方块即可。

2.3.6　图像窗口的叠放

在处理图像时，为了方便操作，需要将图像窗口最小化或最大化显示，这时只需要单击图像窗口右上角的"最小化"按钮 ▬ 与"最大化"按钮 ▢ 即可。

如果在 Photoshop CS5 中打开了多个图像窗口，屏幕显示会很乱，为了方便查看，可对多个窗口进行排列。

1．层叠

选择菜单栏中的 窗口(W) → 排列(A) → 层叠(D) 命令，即可以层叠方式排列多个打开的图像窗口，效果如图 2.3.18 所示。

2．平铺

选择菜单栏中的 窗口(W) → 排列(A) → 平铺 命令，将会以拼贴的方式重新排列多个打开的图像窗口，效果如图 2.3.19 所示。

提示： 当对多个图像进行编辑时，需要从某一个图像窗口切换到另一个图像窗口，可在 窗口(W) 菜单最底部选择所需要打开的文件名，即可切换到该图像窗口，使之成为当前可操作窗口。

图 2.3.18　层叠方式

图 2.3.19　平铺方式

2.4　"首选项"参数设置

在使用 Photoshop CS5 之前，需要对 Photoshop 的预设选项进行优化，这样可以更有效地提高软件的运行效率，加快工作速度，节约时间。Photoshop 的环境变量设置命令都集中在 编辑(E) → 首选项(N) 命令子菜单中，如图 2.4.1 所示。利用这些命令可以对 Photoshop CS5 中的各项系统参数进行设置。

2.4.1　常规

选择菜单栏中的 编辑(E) → 首选项(N) → 常规(G)... 命令，或按 "Ctrl+K" 键，弹出 "首选项" 对话框，如图 2.4.2 所示。

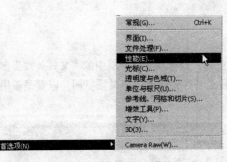
图 2.4.1　"首选项"子菜单

图 2.4.2　"首选项"对话框

在该对话框中用户可以对 Photoshop CS5 软件进行总体的设置。

在 拾色器(C): 下拉列表中可以选择与 Photoshop 匹配的颜色系统，默认设置为 Adobe 选项，因为它是与 Photoshop 匹配最好的颜色系统。除非用户有特殊的需要，否则不要轻易改变默认的设置。

在 图像插值(I): 下拉列表中可以选择软件在重新计算分辨率时增加或减少像素的方式。

选中 ☑ 自动更新打开的文档(A) 复选框，当退出 Photoshop 软件时会对打开的文档进行自动更新。

选中 ☑ 完成后用声音提示(D) 复选框，Photoshop 将在每条命令执行后发出提示声音。

选中 ☑ 动态颜色滑块(Y) 复选框，修改颜色时色彩滑块平滑移动。

选中 ☑ 导出剪贴板(X) 复选框，将使用系统剪贴板作为缓冲和暂存，实现 Photoshop 和其他程序之间的快速交换。

选中 ☑ 缩放时调整窗口大小(R) 复选框，允许用户在通过键盘操作缩放图像时调整文档窗口的大小。

选中 ☑ 使用 Shift 键切换工具(U) 复选框，要在同一组中以快捷方式切换不同的工具时，必须按 "Shift" 键。

2.4.2　界面

在 "首选项" 对话框左侧单击 界面 选项，将打开 "首选项" 对话框中的 "界面" 参数设置选项，如图 2.4.3 所示。在该对话框中用户可以通过相应的选项设置显示工具栏、通道、菜单的颜色以及工具的提示信息等。

在该对话框中用户可以对软件工作界面进行以下相关的设置：

在 常规 选项区中，可以对一些常规选项进行设置。其中在 标准屏幕模式: 下拉列表中可以设置工作界面显示为标准屏幕模式时的颜色和边界；在 全屏（带菜单）: 下拉列表中可以设置工作界面显示为全屏时的颜色和边界；在 全屏: 下拉列表中可以设置工作界面显示为全屏时的颜色和边界。选中 ☑ 用彩色显示通道(C) 复选框可以将通道中的缩览图中的图像以通道对应的颜色显示；选中 ☑ 显示菜单颜色(M) 复选框可以在菜单中以不同颜色来突出不同命令类型；选中 ☑ 显示工具提示(I) 复选框可以设置将鼠标光标移动到工具上时，会在光标下方显示该工具的相关信息。

在 面板和文档 选项区中，可以对面板和文档进行设置。选中 ☑ 自动折叠图标面板(A) 复选框可以自动折叠面板图标；选中 ☑ 自动显示隐藏面板(H) 复选框可以设置当鼠标滑过时显示隐藏面板；选中 ☑ 以选项卡方式打开文档(O) 复选框可以设置打开文档的方式是选项卡，未选中时则为浮动窗口；选中 ☑ 启用浮动文档窗口停放(D) 复选框可以设置允许拖动浮动窗口到其他文档时以选项卡方式显示。

在 用户界面文本选项 选项区中，可以通过 用户界面语言(L): 和 用户界面字体大小(F): 下拉列表，设置软件显示的语言和字体。

2.4.3　文件处理

在 "首选项" 对话框左侧单击 文件处理 选项，将打开 "首选项" 对话框中的 "文件处理" 参数设置选项，如图 2.4.4 所示。在该对话框中用户可以设置是否存储图像的缩微预览图，以及是否用大写字母表示文件的扩展名等参数选项。

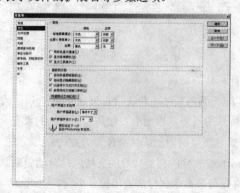

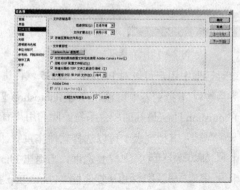

图 2.4.3　"界面" 参数设置　　　　　　　　图 2.4.4　"文件处理" 参数设置

在该对话框中用户可以对文件进行以下相关的设置：

在 图像预览(G): 下拉列表中选择 存储时询问 选项，可以避免 Photoshop 在保存图像的时候再保存一个 ICON 格式的文件而浪费磁盘空间。

在 文件扩展名(E): 下拉列表中可以选择用于设置文件扩展名的大小写状态，包括 使用小写 和 使用大写 两个选项。

在 文件兼容性 选项区中，可设置用于决定是否让文件最大限度向低版本兼容。

在 近期文件列表包含(R): 文本框中输入数值，可以设置在 Photoshop 中的 文件(F) → 最近打开文件(T) 命令子菜单中显示的最近使用过的文件的数量。系统默认的为 10 个文件，但最多不能超过 30 个，即文本框中输入的数值最大值为 30。

2.4.4　性能

在"首选项"对话框左侧单击 性能 选项，将打开"首选项"对话框中的"性能"参数设置选项，如图 2.4.5 所示。在该对话框中可以对软件处理图像时的内存、暂存空间、历史记录以及是否启用 OpenGL 绘图进行设置。

2.4.5　光标

在"首选项"对话框左侧单击 光标 选项，将打开"首选项"对话框中的"光标"参数设置选项，如图 2.4.6 所示。在该对话框中用户可以设置在使用工具时鼠标指针的显示状态，包括 绘画光标 和 其它光标 。其中，绘画光标 控制如橡皮擦、铅笔、画笔、修复画笔、图章、涂抹、模糊、锐化、减淡、加深以及海绵工具等鼠标指针的显示状态；其它光标 控制除绘画工具之外的其他工具的鼠标指针状态，例如，选框、套索、多边形套索、魔棒、裁剪、切片、修补、吸管、钢笔、渐变、直线以及颜色取样器等工具。

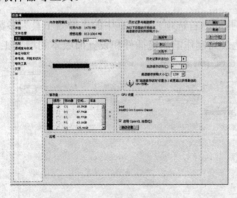

图 2.4.5　"性能"参数设置

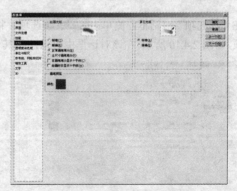

图 2.4.6　"光标"参数设置

2.4.6　透明度与色域

在"首选项"对话框左侧单击 透明度与色域 选项，将打开"首选项"对话框中的"透明度与色域"参数设置选项，如图 2.4.7 所示。在该对话框中不仅可以设置网格的大小以及颜色，还可以设置新的图像颜色的色域警告色。

2.4.7　单位与标尺

在"首选项"对话框左侧单击 单位与标尺 选项，将打开"首选项"对话框中的"单位与标尺"参数设置选项，如图 2.4.8 所示。在该对话框中用户可以设置标尺和文字的单位、图像的尺寸以及打印分辨率和屏幕分辨率等。

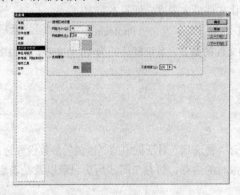

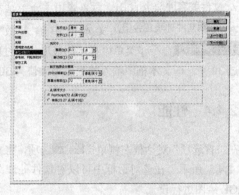

图 2.4.7　"透明度与色域"参数设置　　　　　图 2.4.8　"单位与标尺"参数设置

2.4.8　参考线、网格和切片

在"首选项"对话框左侧单击 参考线、网格和切片 选项，将打开"首选项"对话框中的"参考线、网格和切片"参数设置选项，如图 2.4.9 所示。在该对话框中用户可以设置 Photoshop 中参考线和网格的颜色、样式、间距，以及切片的颜色和是否编号等。

2.4.9　增效工具

在"首选项"对话框左侧单击 增效工具 选项，将打开"首选项"对话框中的"增效工具"参数设置选项，如图 2.4.10 所示。在该对话框中可以选择其他公司制作的滤镜插件和设置旧版本的增效工具。

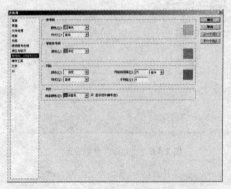

图 2.4.9　"参考线、网格和切片"参数设置　　　　图 2.4.10　"增效工具"参数设置

2.4.10　文字

在"首选项"对话框左侧单击 文字 选项，将打开"首选项"对话框中的"文字"参数设置选项，

如图 2.4.11 所示。在该对话框中用户可以对字体名称和字体大小等相关参数进行设置。

2.4.11　3D

在"首选项"对话框左侧单击  选项，将打开"首选项"对话框中的"3D"参数设置选项，如图 2.4.12 所示。在该对话框中用户可以对 3D 引擎使用的显存量、各种参考线的颜色、3D 渲染选项的参数以及 3D 文件载入时的行为等相关参数进行设置。

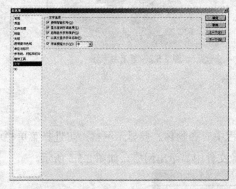

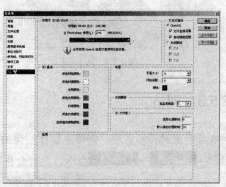

图 2.4.11　"文字"参数设置　　　　　　　　图 2.4.12　"3D"参数设置

2.5　辅助工具的设置

在制作一幅图像作品时，可以通过使用 Photoshop 提供的标尺、参考线、网格来精确定位图像，以协助完成图像的制作。

2.5.1　标尺

使用标尺可以准确地显示出当前光标所在的位置和图像的尺寸，还可以让用户更准确地对齐对象和选取范围。选择菜单栏中的 视图(V) → 标尺(R) 命令，可在图像文件中显示标尺，如图 2.5.1 所示。在图像中移动鼠标，可以在标尺上显示出鼠标所在位置的坐标值。按"Ctrl+R"键可以隐藏或显示标尺。

2.5.2　参考线

参考线可用于对齐物体，并且可以任意设置其位置。在使用参考线之前，必须先显示标尺，然后从标尺上按住鼠标左键拖至窗口中，松开鼠标可显示参考线，如图 2.5.2 所示。可继续沿标尺的水平或垂直方向创建多条参考线，也可对其进行移动、删除、锁定、显示或隐藏，其具体介绍如下：

（1）移动参考线：将鼠标指针移至参考线上，按住鼠标左键拖动即可移动参考线。

（2）隐藏或显示参考线：按"Ctrl+H"键或按"Ctrl+;"键可显示或隐藏参考线。

（3）锁定参考线：选择菜单栏中的 视图(V) → 锁定参考线(G) 命令，即可锁定参考线。

（4）清除参考线：选择菜单栏中的 视图(V) → 清除参考线(D) 命令，可清除图像中所有的参考线。

如果需要删除某一条参考线，可将光标移至需要删除的参考线上，按住鼠标左键将其拖至窗口外即可。

图 2.5.1　显示标尺

图 2.5.2　显示参考线

2.5.3　网格

网格可用来对齐参考线，也可在制作图像的过程中对齐物体。要显示网格，可选择菜单栏中的 视图(V) → 显示(H) → 网格(G) 命令，此时会在图像文件中显示出网格，如图 2.5.3 所示。

图 2.5.3　显示网格

显示网格后，就可以沿网格线创建图像的选取范围、移动或对齐图像。在不需要显示网格时，也可隐藏网格。选择菜单栏中的 视图(V) → 显示额外内容(X) 命令，或按"Ctrl+H"键来隐藏网格。

选择菜单栏中的 视图(V) → 对齐到(T) → 网格(R) 命令，可以使移动的图形对象自动对齐网格或者在创建选区时自动沿网格位置进行定位选取。

2.6　图像颜色的设置

Photoshop 提供了多种绘图工具。使用这些绘图工具绘制图像时，必须先选取一种绘图颜色，然后才能顺利地绘制所需的图像效果。对于使用 Photoshop 绘图来说，颜色的设置是绘图的关键。本节主要介绍颜色的各种设置方法。

2.6.1　前景色和背景色

在 Photoshop CS5 中设置颜色，主要是通过工具箱中的前景色与背景色来完成。前景色与背景色显示在工具箱中的下半部分，如图 2.6.1 所示。默认情况下，前景色为黑色，背景色为白色。

　　单击左下角的 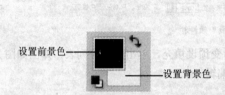 图标，可将前景色与背景色设置为默认的黑色与白色；单击右上角的 图标，可以切换前景色与背景色。

　　前景色可用于显示和设置当前所选绘图工具所使用的颜色，背景色可显示和设置图像的底色。设置背景色后，并不会立刻改变图像的背景色，只有在使用了与背景色有关的工具时，才会按背景色的设定来执行。比如，使用橡皮擦工具擦除图像时，其擦除的区域将会以背景色填充。

　　如果要重新设置前景色与背景色，可直接在工具箱中单击前景色图标■或背景色图标□，即可弹出如图 2.6.2 所示的"拾色器"对话框，用户可以从中选择前景色或背景色的颜色。

设置前景色

设置背景色

图 2.6.1　前景色与背景色设置　　　　　　　图 2.6.2　"拾色器"对话框

　　在此对话框中沿滑杆拖动三角形滑块 或直接在颜色滑杆上单击所需的颜色区域，即可选择指定的颜色，也可在对话框右侧的四种颜色模式输入框中输入数值来设置前景色与背景色。例如，要在 RGB 模式下设置颜色，只须在 R，G，B 输入框中输入数值即可。

　　单击　确定　按钮，即可用所选择的颜色来改变前景色或背景色。

2.6.2　颜色面板

　　利用颜色面板选择颜色，与在"拾色器"对话框中选择颜色是一样的，都可方便、快速地设置前景色或背景色，并且可以选择不同的颜色模式进行选色。选择菜单栏中的 窗口(W) → 颜色 命令，可打开颜色面板。在默认情况下，颜色面板显示着 HSB 颜色模式的滑块，如图 2.6.3 所示。

　　单击面板中的"设置前景色"图标■或"设置背景色"图标□，当其周出现双线框时，表示其前景色或背景色被选中，然后在颜色滑杆上拖动三角滑块 来设置前景色与背景色。如果周围出现双线框时，继续单击"设置前景色"图标■或"设置背景色"图标□，将会弹出"拾色器"对话框。

　　在不同的色彩模式下，此面板中的颜色滑块数量与类型也不一样。如果需要改变当前的色彩模式，可在此面板右上角单击 按钮，弹出颜色面板菜单，如图 2.6.4 所示。

　　在此菜单中可以选择不同色彩模式的滑块，例如选择 CMYK 滑块 命令，此时的颜色面板显示如图 2.6.5 所示。

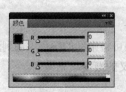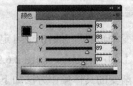

图 2.6.3　颜色面板　　　　　图 2.6.4　颜色面板菜单　　　图 2.6.5　颜色面板中的 CMYK 模式

颜色条位于颜色面板的最下方，默认情况下，颜色条上显示着色谱中的所有颜色。在颜色条上单击某区域，即可选择某区域的颜色。

2.6.3　渐变工具

渐变工具可以创建多种颜色之间的逐渐混合。创建渐变颜色，可以使图像颜色更加丰富多彩，增强视觉效果。

1. 渐变工具属性栏的设置

单击工具箱中的"渐变工具"按钮 ，其属性栏如图 2.6.6 所示。

图 2.6.6　"渐变工具"属性栏

单击可编辑渐变 右侧的小三角可选择渐变预设填充，单击此下拉列表，弹出如图 2.6.7 所示的"渐变编辑器"对话框，可对渐变的颜色进行编辑。

在此属性栏中提供了 5 种渐变填充的方式：

线性渐变 ：此方式以直线从起点到终点渐变。

径向渐变 ：此方式以圆形图案从起点到终点渐变。

角度渐变 ：此方式以逆时针扫描的方式围绕起点渐变。

对称渐变 ：此方式使用对称线性渐变在起点的两侧渐变。

菱形渐变 ：此方式以菱形图案从起点向外渐变，终点定义菱形的一个角。

选中 反向 复选框，可反转渐变填充中的颜色顺序。

选中 仿色 复选框，可以用较小的带宽创建较平滑的混合。

选中 透明区域 复选框，不透明的设置才会生效，如图 2.6.8 所示。

图 2.6.7　"渐变编辑器"对话框

选中"透明区域"复选框　　　不选中"透明区域"复选框

图 2.6.8　使用透明区域

2. 自定义渐变模式

在"渐变编辑器"对话框中可定义新的渐变或修改现有渐变，还可将中间的颜色添加到渐变中，创建两种以上颜色的混合，如图 2.6.9 所示的渐变填充就是一种自定义的渐变填充模式。

自定义渐变的具体操作方法如下：

（1）打开或新建一个图像文件，单击工具箱中的"渐变工具"按钮 ，在其属性栏中单击"径向渐变"按钮 ，然后单击可编辑渐变 下拉列表，弹出"渐变编辑器"对话框。

图 2.6.9　自定义的渐变填充效果

（2）如果要定义渐变颜色的起点颜色，则单击渐变条左下方的色标，该色标会显示成黑色，表示正在编辑起始颜色，如图 2.6.10 所示。

（3）在 色标 选项区中单击 颜色: 右侧的 框，在弹出的"选择色标颜色"对话框中可以定义渐变条下面的色标颜色。或将鼠标移至渐变条上，此时鼠标指针会变成吸管，在渐变条上单击以吸取颜色的方式改变并自定义渐变颜色，如图 2.6.11 所示。

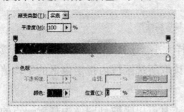
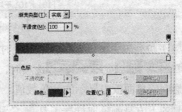

图 2.6.10　编辑起始颜色　　　　　图 2.6.11　编辑颜色

（4）如果要移动起点或终点色标的位置，可直接控制鼠标将色标向左或向右拖动调整。

（5）如果要定义起点与终点的不透明度，可单击渐变条上方的不透明色标，使其显示为可编辑状态，在 色标 选项区中的 不透明度(O): 输入框中输入不透明度百分比数值，或拖动滑块进行调节，如图 2.6.12 所示。

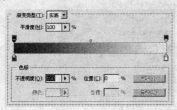
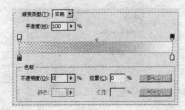

图 2.6.12　设置不透明度

（6）用户也可在起点与终点色标之间添加一个或多个新的色标，还可对新色标定义新的颜色，如图 2.6.13 所示。

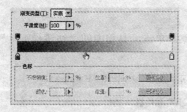
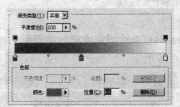

图 2.6.13　添加色标

（7）如果要删除多余的色标，可单击该色标，然后在 色标 选项区单击 删除(D) 按钮。

（8）设置好渐变后，在 名称(N): 输入框中输入新的渐变名称。单击 新建(W) 按钮，新的渐变将显示在 预设 选项区中。

（9）单击 确定 按钮，即可在图像中需要填充渐变色的起点到终点拖动光标填充渐变效果。

2.6.4　吸管工具

使用吸管工具不仅能从打开的图像中取样颜色，也可以指定新的前景色或背景色。单击工具箱中的"吸管工具"按钮，然后在需要的颜色上单击即可将该颜色设置为新前景色。如果在单击颜色的同时按住"Alt"键，则可以将选中的颜色设置为新背景色。吸管工具属性栏如图 2.6.14 所示。

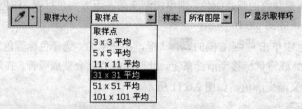

图 2.6.14　"吸管工具"属性栏

在 取样大小: 下拉列表中可以选择吸取颜色时的取样大小。选择 取样点 选项时，可以读取所选区域的像素值；选择 3 x 3 平均 或 5 x 5 平均 选项时，可以读取所选区域内指定像素的平均值。修改吸管的取样大小会影响信息面板中显示的颜色数值。

在吸管工具的下方是颜色取样器工具，利用该工具可以吸取到图像中任意一点的颜色，并以数字的形式在信息面板中表示出来。图 2.6.15（a）表示未取样时的信息面板，图 2.6.15（b）表示取样后的信息面板。

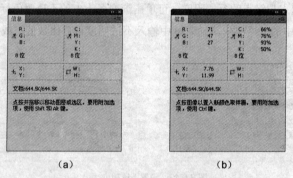

（a）　　　　　　　　　　　　（b）

图 2.6.15　取样前、后的信息面板

2.6.5　油漆桶工具

利用油漆桶工具可以给图像或选区填充颜色或图案。单击工具箱中的"油漆桶工具"按钮，其属性栏如图 2.6.16 所示。

图 2.6.16　"油漆桶工具"属性栏

单击 前景 右侧的 按钮，在弹出的下拉列表中可以选择填充的方式，选择 前景 选项，在如

图 2.6.17 所示的图像文件中单击填充前景色，如图 2.6.18 所示；选择 图案 选项，在图像中相应的范围内单击填充图案，如图 2.6.19 所示。

图 2.6.17　原图

图 2.6.18　前景色填充效果

图 2.6.19　图案填充效果

在 不透明度: 文本框中输入数值，可以设置填充内容的不透明度。

在 容差: 文本框中输入数值，可以设置在图像中的填充范围。

选中 ☑消除锯齿 复选框，可以使填充内容的边缘不产生锯齿效果，该选项在当前图像中有选区时才能使用。

选中 ☑连续的 复选框后，只在与鼠标落点处颜色相同或相近的图像区域中进行填充，否则，将在图像中所有与鼠标落点处颜色相同或相近的图像区域中进行填充。

选中 ☑所有图层 复选框，在填充图像时，系统会根据所有图层的显示效果将结果填充在当前层中，否则，只根据当前层的显示效果将结果填充在当前层中。

本 章 小 结

本章主要介绍了 Photoshop CS5 的基础操作，包括工作界面简介、文件和图像的基本操作、"首选项"参数的设置、辅助工具的设置以及图像颜色的设置等内容。通过本章的学习，读者应熟练掌握 Photoshop CS5 的基础操作，这样才能更快、更好地绘制和处理图像。

习 题 二

一、填空题

1．Photoshop CS5 的工作界面是由_____、_____、_____、_____、_____、_____和_____组成。

2．在 Photoshop 中要保存文件，其快捷键是_____。

3．Photoshop CS5 提供了_____种不同的屏幕显示模式，分别为_____、_____和_____。

4．如果要关闭 Photoshop CS5 中打开的多个文件，可按_____键。

5．在 Photoshop CS5 中，_____可用来对齐参考线，也可在制作图像的过程中对齐物体。

6．使用_____工具在图像中单击即可改变图像的显示比例。

7．在 Photoshop CS5 中默认情况下，前景色为_____，背景色为_____。

二、选择题

1. 若要在 Photoshop CS5 中打开图像文件，可按（　）键。
   （A）Alt+O　　　　　　　　　　　　（B）Ctrl+O
   （C）Alt+B　　　　　　　　　　　　（D）Ctrl+B

2. 按（　）键，可以新建一个图像文件。
   （A）Ctrl+R　　　　　　　　　　　　（B）Alt+R
   （C）Ctrl+N　　　　　　　　　　　　（D）Alt+N

3. 在缩放工具上双击鼠标，图像以（　　）比例显示。
   （A）45%　　　　　　　　　　　　　（B）100%
   （C）60%　　　　　　　　　　　　　（D）全错

4. 对前景色和背景色进行互换，可按（　）键进行切换。
   （A）"C"和"D"　　　　　　　　　（B）"D"和"X"
   （C）"C"和"X"　　　　　　　　　（D）全选

5. 按（　）键，可以在图像中显示标尺。
   （A）Ctrl+R　　　　　　　　　　　　（B）Alt+R
   （C）Ctrl+N　　　　　　　　　　　　（D）Alt+N

三、简答题

1. 在 Photoshop CS5 中如何置入和导入图像文件？
2. 如何更改图像和画布的大小？
3. 如何设置图像的前景色与背景色？

四、上机操作

1. 打开一个图像文件，练习为其添加标尺、参考线、网格，并对其进行优化设置。
2. 新建一个图像文件，使用渐变工具对图像背景进行各种渐变填充，并比较它们的特点。

第 3 章　图像的选取与编辑

在 Photoshop CS5 中，关于图像处理的操作几乎都与当前的选区有关，因为操作只对选取的图像部分有效而对未选取的图像无效，因此，掌握选区的创建与编辑是提高图像处理的关键。

本章要点

（1）选择工具的使用。
（2）选区的操作技巧。
（3）编辑选区。

3.1　选择工具的使用

Photoshop CS5 提供的创建选区的工具有：选框工具、套索工具和魔棒工具。利用这些工具，可以根据图像的不同特性创建各种形状的选区。使用选择工具在图像中某个区域进行选取时，会出现闪烁的虚框，虚框内的区域就是选取的图像。

3.1.1　选框工具

在 Photoshop CS5 中，利用选框工具可在图像中创建规则的几何形状选区，如图 3.1.1 所示。

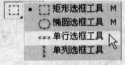

图 3.1.1　选框工具

1. 矩形选框工具

利用矩形选框工具可以在图像中创建长方形或正方形选区。单击工具箱中的"矩形选框工具"按钮，在图像中单击并拖动鼠标即可创建选区，其属性栏如图 3.1.2 所示。

图 3.1.2　"矩形选框工具"属性栏

提示：在按住"Shift"键的同时在图像中拖动鼠标，可以创建正方形选区；在按住"Alt"键的同时拖动鼠标，可在图像中创建以鼠标拖动点为中心向四周扩展的矩形选区。

用鼠标单击▦按钮，可打开如图 3.1.3 所示的面板。单击其右上角的▶按钮，可弹出如图 3.1.4 所示的面板菜单，其中的"复位工具"命令用于将当前工具的属性设置恢复为默认值；"复位所有工具"命令用于将工具箱中所有工具的属性恢复为默认值。单击面板右侧的"创建新工具预设"按钮▣，可弹出"新建工具预设"对话框，设置完参数后，单击　确定　按钮，将会在面板菜单中添加新

的预设工具，如图 3.1.5 所示，在此列表框中可以转换使用的绘图工具。

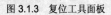

图 3.1.3　复位工具面板　　　　图 3.1.4　面板菜单　　　　图 3.1.5　工具预设列表框

在"矩形选框工具"属性栏中提供了 4 种创建选区的方式。

"新选区"按钮 ▢：单击此按钮，可以创建一个新的选区，若在绘制之前还有其他选区，新建的选区将会替代原来的选区。

"添加到选区"按钮 ▣：单击此按钮，可以在图像中原有选区的基础上添加创建的选区，从而得到一个新的选区或增加一个新的选区，其效果如图 3.1.6 所示。

图 3.1.6　添加到选区效果

"从选区减去"按钮 ▣：单击此按钮，可以在图像中原有选区的基础上减去创建的选区，从而得到一个新的选区，其效果如图 3.1.7 所示。

图 3.1.7　从选区减去效果

"与选区交叉"按钮：单击此按钮，可得到原有选区和新创建选区相交部分的选区，其效果如图 3.1.8 所示。

技巧： 在创建新选区的同时按下"Shift"键，可进行"添加到选区"的操作；按下"Alt"键，可进行"从选区减去"的操作；按下"Alt + Shift"键，可进行"与选区交叉"的操作。

羽化：：可用于设定选区边缘的羽化程度。

样式：：在其下拉列表中有 3 个选项，分别是 正常 、 固定比例 和 固定大小 ，如图 3.1.9 所示。其中 固定比例 可固定矩形选区的长宽比例，而 固定大小 是用来创建长和宽固定的选区。

图 3.1.8　与选区交叉效果　　　　　图 3.1.9　样式下拉列表

2．椭圆选框工具

利用椭圆选框工具在图像中拖动鼠标，可以创建椭圆形选区。单击工具箱中的"椭圆选框工具"按钮○，该工具属性栏如图 3.1.10 所示。

图 3.1.10　"椭圆选框工具"属性栏

选中 消除锯齿 复选框，可以消除选区边缘的锯齿，产生比较平滑的边缘。椭圆选框工具的属性栏与矩形选框工具属性栏中的其他选项基本相同，这里就不再赘述。

技巧： 选择椭圆选框工具，按住"Shift"键，可以创建圆形选区。

使用椭圆选框工具可以创建椭圆形和圆形的选区，如图 3.1.11 所示。

椭圆形选区　　　　　　　　　　圆形选区

图 3.1.11　使用椭圆选框工具创建的选区

3．单行选框工具和单列选框工具

（1）使用单行选框工具 可以创建宽度等于图像宽度，高度为 1 像素的单行选区。

（2）使用单列选框工具 可以创建高度等于图像高度，宽度为 1 像素的单列选区。

使用单行选框工具和单列选框工具创建的选区如图 3.1.12 所示。

图 3.1.12　单行选区和单列选区

3.1.2　套索工具

套索工具包括"套索工具"按钮 、"多边形套索工具"按钮 和"磁性套索工具"按钮 ，如图 3.1.13 所示。

图 3.1.13　套索工具

1. 套索工具

利用套索工具可以创建任意形状的选区，也可创建一些较复杂的选区。单击工具箱中的"套索工具"按钮 ，其属性栏如图 3.1.14 所示。在图像中需要选取的区域按住鼠标左键拖动，当鼠标指针回到选取的起点位置时释放鼠标左键，即可创建一个不规则的选区，如图 3.1.15 所示。

图 3.1.14　"套索工具"属性栏

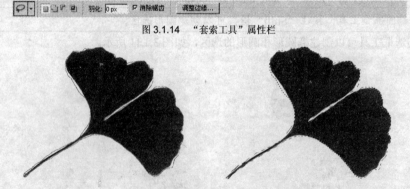

图 3.1.15　使用套索工具创建的选区

套索工具也可以设置消除锯齿与羽化边缘的功能，选中 ☑ 消除锯齿 复选框，可用来设置选区边缘的柔和程度。在 羽化: 输入框中输入数值，可设置选区的边缘效果，使选区边界产生一个过渡段。

2. 多边形套索工具

选择多边形套索工具 ，在图像中某处单击，然后移动鼠标到另一处再次单击，则两次单击的节点之间会生成一条直线。围绕要选取的对象，不停地单击鼠标创建多个节点，最后将鼠标移至起始位置处，鼠标指针旁会出现一个小圆圈，此时再次单击鼠标，即可以形成一个闭合的选区，该闭合选区就是创建的选区。

多边形套索工具属性栏与套索工具属性栏相同，使用多边形套索工具创建的选区如图 3.1.16 所示。

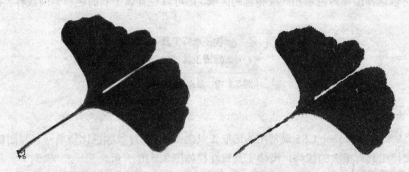

图 3.1.16　使用多边形套索工具创建的选区

3. 磁性套索工具

磁性套索工具 多用于图像边界颜色和背景颜色对比较明显的图像范围的选取。磁性套索工具属性栏如图 3.1.17 所示。

图 3.1.17　"磁性套索工具"属性栏

宽度：在该文本框中输入数值可设置磁性套索工具的宽度，即使用该工具进行范围选取时所能检测到的边缘宽度。宽度值越大，所能检测的范围越宽，但是精确度就降低了。

对比度：在该文本框中输入数值可设置磁性套索工具对选取对象和图像背景边缘的灵敏度。数值越大，灵敏度越高，但要求图像边界颜色和背景颜色对比非常明显。

频率：该选项用于设置使用磁性套索工具选取范围时，出现在图像上的锚点的数量，该值设置越大，则锚点越多，选取的范围越精细。频率的取值范围在 1～100 之间。

：该按钮用来设置是否改变绘图板压力，以改变画笔宽度。

使用磁性套索工具创建的选区如图 3.1.18 所示。

使用磁性套索工具创建的锚点　　　　　　　使用磁性套索工具创建的选区

图 3.1.18　使用磁性套索工具创建的选区

提示：套索工具多用于对选区选取精度要求不是很高的情况；多边形套索工具多用于选取边界比较规范的选区；磁性套索工具多用于图像与背景反差较大的情况。

3.1.3　魔棒工具

魔棒工具也就是相近颜色选取工具，它包括魔棒工具和快速选择工具两种，如图 3.1.19 所示。使用魔棒工具可以选择图像内色彩相同或相近的区域，还可以设置该工具的色彩范围或容差，以获得所需要的选区。

图 3.1.19　魔棒工具

1. 魔棒工具

魔棒工具 是 Photoshop CS5 最常用的选取工具之一，对于背景颜色比较单一且与图像色彩反差大的图像，魔棒工具有很大的优势。魔棒工具属性栏如图 3.1.20 所示。

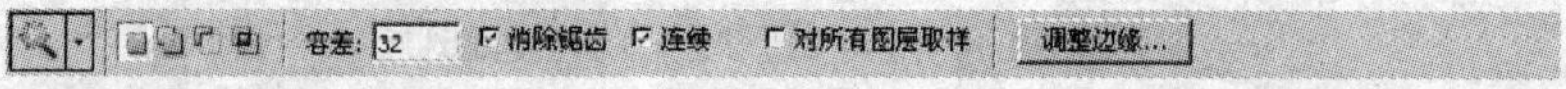

图 3.1.20　"魔棒工具"属性栏

魔棒工具属性栏各选项含义如下：

容差：在容差文本框中输入数值，可设置使用魔棒工具时选取的颜色范围大小，数值越大，范围越广；数值越小，范围越小，但精确度越高。

连续：选中该复选框表示只选择图像中与鼠标上次单击点相连的色彩范围；取消选中此复选框，表示选择图像中所有与鼠标上次单击点颜色相近的色彩范围。

对所有图层取样：选中此复选框表示使用魔棒工具进行色彩选择时对所有可见图层有效；不选中此复选框表示使用魔棒工具进行色彩选择时只对当前可见图层有效。

调整边缘...：单击此按钮，可从弹出的"调整边缘"对话框中对选区进行精确的编辑。

使用魔棒工具创建的选区如图 3.1.21 所示。

容差设置为 5　　　　　　　　　　　　容差设置为 50

图 3.1.21　使用魔棒工具创建的选区

注意：使用魔棒工具进行范围选取时，一般将选取方式设置为"新选区"，此外还有 3 种模式："添加到选区""从选区中减去""与选区交叉"，可根据需要自行选择。

2. 快速选择工具

对于背景色比较单一且与图像色彩反差较大的图像，快速选择工具有着得天独厚的优势。单击工具箱中的"快速选择工具"按钮，其属性栏如图 3.1.22 所示。

快速选择工具属性栏各选项含义如下：

图 3.1.22 "快速选择工具"属性栏

：按下此按钮则表示创建新选区。

：在鼠标拖动过程中选区不断增加。

：从大的选区中减去小的选区。

：单击右侧的下拉按钮，可快速打开"画笔"选取器面板，从中可以设置画笔笔触的大小。

对所有图层取样：选中此复选框，表示基于所有图层创建一个选区。

自动增强：选中此复选框，表示减少选区边界的粗糙度和块效应。"自动增强"自动将选区向图像边缘进一步靠近并应用一些边缘调整。

使用快速选择工具创建的选区如图 3.1.23 所示。

图 3.1.23 拖动快速选择工具创建选区

3.2 选区的操作技巧

使用各种选择工具创建选区后，可以对其进行修改与调整。下面进行具体介绍。

3.2.1 常用的选择命令

在 Photoshop CS5 中，经常会用到的选择操作有：全选、重新选择、反选和取消选择。下面对其进行具体介绍。

（1）全选：选择菜单栏中的 选择(S) → 全部(A) 命令，或按快捷键"Ctrl+A"，可以选择整个图像范围。

（2）重新选择：选择菜单栏中的 选择(S) → 重新选择(E) 命令，或按快捷键"Shift+Crtl+D"，可以重新选择已经取消的选区。

（3）反选：选择菜单栏中的 选择(S) → 反向(I) 命令，或按快捷键"Shift+Ctrl+I"，可以对刚创建的选区进行反向选取。

（4）取消选择：选择菜单栏中的 选择(S) → 取消选择(D) 命令，或按快捷键"Ctrl+D"，可以取消已创建的选区。

3.2.2 移动和隐藏选区

创建选区后，有时需要将选区进行移动，此时可通过以下两种方法来完成：

（1）使用鼠标移动选区。选择任意一个选取工具并且确认其属性栏中创建选区的方式为创建新选区，此时将鼠标移至选区内，鼠标显示为 ▸⊕ 状态，按住鼠标左键拖动即可移动选区，如图 3.2.1 所示。

图 3.2.1 移动选区

（2）使用键盘移动选区。使用键盘移动选区时，每按一下方向键，选区会沿相应方向移动 1 个像素，按住"Shift"键的同时按方向键，选区会以 10 个像素为单位移动。

如果不希望看到选区，但又不想取消选区，此时就可以使用选区的隐藏功能将选区隐藏起来。选择菜单栏中的 视图(V) → 显示(H) → 选区边缘(S) 命令，即可隐藏选区，需要显示时再次选择此命令即可。

3.2.3 复制和粘贴选区

利用 编辑(E) 菜单中的 拷贝(C) 和 粘贴(P) 命令可对选区内的图像进行复制或粘贴。具体的操作方法如下：

（1）打开一个图像文件，并为需要复制的图像部分创建选区，如图 3.2.2 所示。然后按"Ctrl+C"键复制选区内的图像。

（2）按"Ctrl+V"键粘贴选区内图像，再单击工具箱中的"移动工具"按钮 ▸⊕ ，将粘贴的图像移动到目标位置。其效果如图 3.2.3 所示。

图 3.2.2 创建选区效果　　　　图 3.2.3 粘贴并移动图像

另外，用户也可同时打开两幅图像，将其中一幅图像中的内容复制并粘贴到另外一幅图像中，其操作步骤和在一幅图像中的操作方法相同，这里不再重述。

技巧：在图像中需要复制图像的部分创建选区，然后在按住"Alt"键的同时利用移动工具移动选区内的图像，可快速复制并粘贴图像。

3.2.4　扩大选区与选取相似

可以使用"扩大选区"与"选取相似"命令来实现扩展选区操作。这两个命令所扩展的选区是与原选区颜色相近的区域。

例如，对如图 3.2.4 所示选区分别应用"扩大选区"命令与"选取相似"命令，所产生的选区效果分别如图 3.2.5 和图 3.2.6 所示。

图 3.2.4　原选区

图 3.2.5　扩大选区

图 3.2.6　选取相似

要使用扩大选区与选取相似命令，选择菜单栏中的 选择(S) → 扩大选取(G) 或 选取相似(R) 命令即可。

扩大选区命令可以在原有选区的基础上使选区在图像上延伸，将连续的、色彩相似的图像一起扩充到选区内，还可以更灵活地控制选区。

选取相似命令与扩大选取命令都可用于扩大选区。选取相似命令可以将选择的区域在图像上延伸，把图像中所有不连续的且与原选区颜色相近的区域选取。

注意：扩大选区与选取相似命令不能应用在位图模式的图像中。

3.2.5　创建特定颜色范围的选区

在 Photoshop CS5 中提供了一种可以随心所欲地控制选区的命令，即"色彩范围"命令，利用此命令可以一边预览一边调整，方便了用户的操作。例如，打开如图 3.2.7 所示的图像，要创建花朵的选区，其具体的操作方法如下：

（1）用椭圆选框工具在图像中拖动鼠标创建稍大一些的选区，如图 3.2.8 所示。

图 3.2.7　打开的图像

图 3.2.8　使用椭圆工具创建选区

（2）选择菜单栏中的 选择(S) → 色彩范围(C)... 命令，弹出"色彩范围"对话框。在此对话框中使用三个吸管工具选择所有花朵区域，如图 3.2.9 所示。

（3）单击 确定 按钮，可得到花朵选区，如图 3.2.10 所示。

图 3.2.9　“色彩范围”对话框

图 3.2.10　使用“色彩范围”命令创建选区

在“色彩范围”对话框中有一个预览框，可以显示出当前已选择图像的范围。如果尚未进行任何选择，则显示选择的整个图像。在此预览框下面有两个单选按钮，选中 ◉ 选择范围(E) 单选按钮，预览框中显示的是选择的范围，其中白色表示选择区域，黑色表示未选择区域，默认情况下，选择此选项；选中 ◉ 图像(M) 单选按钮，预览框中显示原始的整个图像。

单击 选择(C): 列表框右侧的 ▾ 按钮，从弹出的下拉列表中选择一种选取颜色范围的方式。选择 取样颜色 选项时，可用吸管工具吸取颜色。当鼠标指针移向图像窗口或预览框中时，会变成吸管形状，单击即可选取当前颜色。同时也可以在 颜色容差(E): 输入框中输入数值或拖动滑块来调整颜色选区，值越大，所包含的近似颜色越多，选取的范围越大。

单击 选区预览(T): 列表框右侧的 ▾ 按钮，可从弹出的下拉列表中选择一种选区在图像窗口中显示的方式。

如果对已经选择的区域不满意，可在“色彩范围”对话框中利用三个吸管按钮增加或减少选取的颜色范围。单击“添加到取样”按钮 ✎，可以增加选区；单击“减少到取样”按钮 ✎，可以减少选区，然后移动鼠标指针至预览框中单击即可。

选中 ☑ 反相(I) 复选框，可在选区与非选区之间互换。

3.2.6　精确修改选区

选区的修改就是对选区的边缘进行扩边、平滑、扩展、收缩等操作。利用修改命令，可以自如地对选区的边缘进行修改操作。选择菜单栏中的 选择(S) → 修改(M) 命令，弹出修改子菜单，如图 3.2.11 所示。

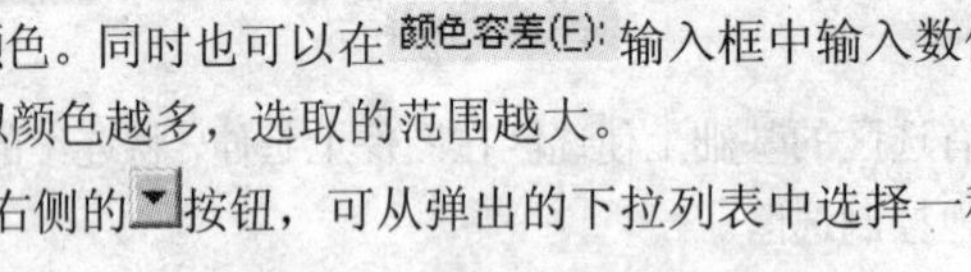

图 3.2.11　修改子菜单

修改子菜单中的命令说明如下：

边界(B)...：该命令用于对选区的边缘进行扩展。选择该命令，即可弹出“边界”对话框，用户可在该对话框中的 宽度(W): 文本框中输入数值确定边界的扩展程度，数值越大，边界扩展的程度越大，如图 3.2.12 所示。

图 3.2.12　选区边界的扩展

平滑(S)...：该命令用于消除选区边缘的锯齿，平滑选区边缘。选择该命令，弹出"平滑"对话框，可在该对话框中的 **取样半径(S):** 文本框中输入数值确定边界的平滑程度，数值越大，边界越平滑，如图 3.2.13 所示。

图 3.2.13　选区的平滑

扩展(E)...：该命令用于扩大创建的选区。选择该命令，弹出"扩展"对话框，可在该对话框中的 **扩展量(E):** 文本框中输入数值确定扩展的程度，数值越大，选区扩展的程度就越大，如图 3.2.14 所示。

图 3.2.14　选区的扩展

收缩(C)...：该命令用于缩小创建的选区。选择该命令，弹出"收缩"对话框，可在该对话框中的 **收缩量(C):** 文本框中输入数值确定收缩的程度，数值越大，选区收缩的程度越大，如图 3.2.15 所示。

图 3.2.15　选区的收缩

3.2.7　柔化选区边缘

创建不规则选区，其边界处会出现许多锯齿，为了使这些不规则选区平滑并尽可能地消除选区边界的锯齿以产生柔和的效果，可通过设置羽化半径，对边缘锯齿状的选区进行平滑处理。

1. 消除锯齿

Photoshop 中的图像是由像素组合而成的，而像素实际上是一个个正方形的色块，因此在图像中有斜线或圆弧的部分就容易产生锯齿状的边缘，分辨率越低锯齿就越明显。消除锯齿可以通过软化每个像素与背景像素间的颜色过渡，使选区的锯齿状边缘变得比较平滑。由于只改变边缘像素，不会丢失细节，因此在复制、粘贴选区创建复合图像时，消除锯齿非常有用。要使用消除锯齿功能，只需要在各种创建选区的工具属性栏中选中 ☑消除锯齿 复选框即可。

2. 羽化

羽化是通过创建选区与其周边像素的过渡边界，使边缘模糊，产生融合的效果。此模糊会造成选区边缘上一些细节的丢失。要使用羽化功能，在魔棒工具、矩形选框工具、套索工具属性栏中的 羽化: 输入框中输入一个羽化数值即可，其取值范围在 1～250 之间。

3. 设置现有选区的羽化边缘

如图 3.2.16 所示的羽化效果是通过羽化选区功能来完成的，其具体的操作方法如下：

（1）打开一幅需要处理的图像，如图 3.2.17 所示。

图 3.2.16　羽化选区效果　　　　　　　　　图 3.2.17　打开的图像

（2）单击工具箱中的"椭圆选框工具"按钮 ◯，在图像中创建椭圆选区，如图 3.2.18 所示。

（3）选择菜单栏中的 选择(S) → 修改(M) → 羽化(F)... 命令，或按"Shift+F6"键，弹出"羽化选区"对话框，在此对话框中设置羽化半径，如图 3.2.19 所示。

图 3.2.18　创建的椭圆选区　　　　　　　　图 3.2.19　"羽化选区"对话框

（4）单击 确定 按钮，可将选区羽化 50 像素。

（5）按"Ctrl+Shift+I"键反选选区，再按"Delete"键删除反选区域中的图像。

（6）按"Ctrl+D"键取消选区，即得到如图 3.2.16 所示的效果。

注意： 如果在背景图层上删除羽化选区内的图像或羽化选区反选区域内的图像，则会用背景色代替删除区域中的图像；如果在普通图层上，则会以透明色代替删除后的区域。

3.3　编　辑　选　区

在对图像的选区进行编辑处理时，不仅要对选区进行填充、描边和自由变换等操作，有时还要对选区进行存储和载入操作，本节将进行具体介绍。

3.3.1　填充选区

在 Photoshop CS5 中，利用"填充"命令可以对创建的选区进行色彩或图案填充。

1. 色彩填充选区

选择菜单栏中的 编辑(E) → 填充(L)... 命令，弹出"填充"对话框，如图 3.3.1 所示。

使用(U)： 单击该选项右侧的下拉按钮 ，弹出其下拉列表，如图 3.3.2 所示。在其中可选择图像选区的填充内容，用户可以根据需要选择不同的选项。

模式(M)： 单击该选项右侧的下拉按钮 ，弹出模式下拉列表，如图 3.3.3 所示。用户可以选择不同的模式来混合图像的选区。

图 3.3.1　"填充"对话框

图 3.3.2　填充内容下拉列表

图 3.3.3　模式下拉列表

不透明度(O)： 该选项用于设置选区填充内容的不透明度，100%表示填充的内容不做任何变化，数值越小，填充的内容越透明。

设置好参数后，单击 确定 按钮，即可完成选区色彩的填充，效果如图 3.3.4 所示。

图 3.3.4　选区色彩的填充

技巧：在 Photoshop CS5 中，按快捷键 "Shift+Backspace" 可快速打开 "填充" 对话框；按快捷键 "Alt+Backspace" 或 "Alt+Delete" 可利用前景色进行色彩填充；按快捷键 "Ctrl+Backspace" 或 "Ctrl+Delete" 可利用背景色进行色彩填充。

2．图案填充选区

选择菜单栏中的 编辑(E) → 填充(L)... 命令，弹出 "填充" 对话框（见图 3.3.1），在填充内容下拉列表中选择图案选项，单击 自定图案: 右侧的下拉按钮，弹出图案下拉列表框，如图 3.3.5 所示。

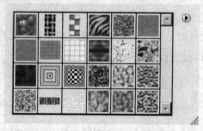

图 3.3.5　图案下拉列表框

Photoshop CS5 系统自带了许多图案，用户在图案下拉列表框中选择需要的图案，即可完成对选区的图案填充，如图 3.3.6 所示。

图 3.3.6　选区的图案填充

在运用 Photoshop CS5 进行图案填充时，仅仅运用系统自带的图案远远不能满足创作要求，此时用户可以打开一个图像文件，选择菜单栏中的 编辑(E) → 定义图案... 命令，在弹出的 "图案名称" 对话框中输入图案名称，单击 确定 按钮，将其定义为自定义图案。此时，在图案下拉列表框中将出现该图案。使用自定义图案填充选区，效果如图 3.3.7 所示。

　　　　"图案名称" 对话框　　　　　　　　　　使用自定义图案填充后的效果

图 3.3.7　使用自定义图案填充选区

3.3.2　描边选区

在对图像的编辑过程中，可以利用对选区的边缘添加描边效果来产生特殊的图像效果。打开一幅需要描边的图像文件，然后使用任意选择工具创建一个如图 3.3.8 所示的选区，选择菜单栏中的编辑(E) → 描边(S)... 命令，弹出"描边"对话框，如图 3.3.9 所示。

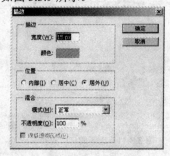

图 3.3.8 创建选区   图 3.3.9 "描边"对话框

其对话框中的各选项含义介绍如下：

宽度(W)：在该文本框中输入数值可确定描边的宽度。

颜色：单击右侧的颜色小方块，弹出"拾色器"对话框，可以在拾色器中选择描边的颜色。

位置：该选项区有 3 个选项，包括 ⊙ 内部(I)、○ 居中(C) 和 ○ 居外(U)，它们用于设置描边的位置。

设置好以上参数后，单击 **确定** 按钮，即可对选区创建描边效果，如图 3.3.10 所示。

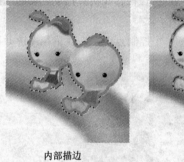

内部描边   居中描边   外部描边

图 3.3.10 为选区描边

3.3.3 自由变换选区

在 Photoshop CS5 中不仅可以对选区进行平滑处理以及增减选区等操作，还可以对选区进行翻转、旋转以及自由变形等操作。

1. 变换选区

要实现选区的变换操作，其具体的操作方法如下：

（1）在图像中创建一个选区后，选择菜单栏中的 选择(S) → 变换选区(T) 命令。

（2）此时选区进入自由变换状态，如图 3.3.11 所示，从图中可以看出有一个方形区域的控制框，通过该控制框可以任意地改变选区的大小、位置以及角度，如图 3.3.12 所示。

1）要移动选区，将鼠标光标移至控制框上，当鼠标光标变为 ▶ 形状时，按住鼠标左键并拖动即可。

2）要自由变换选区大小，将鼠标光标移至选区的控制柄上，当鼠标光标变成 ↗，↘，↔，↕ 形状时按住鼠标左键并拖动即可。

3）要自由旋转选区，将鼠标移至选区的变换框周围，当光标变成 ↻ 形状时，按住鼠标左键并拖动即可。

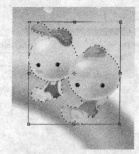
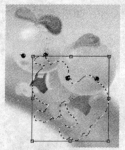

图 3.3.11　选区的自由变换状态　　　　图 3.3.12　缩小并移动选区

2．变形选区

当选区在自由变换状态下时，选择菜单栏中的 编辑(E) → 变换 命令，弹出其子菜单，从中选择相应的命令可对选区进行变形操作。

选择 缩放(S) 命令，可使变换框在保持原矩形的情况下，调整选区的尺寸和长宽比例。按住"Shift"键拖动变换框，则可按比例缩放。

选择 斜切(K) 命令，将鼠标移至变换框中心的控制点，按住鼠标左键并拖动，可将选区倾斜变换，也就是说可以按水平或垂直的方向斜切，如图 3.3.13 所示。

选择 扭曲(D) 命令，将鼠标移至变换框四个角的任意一个控制点上，按住鼠标左键并拖动，可将选区任意拉伸进行扭曲，如图 3.3.14 所示。

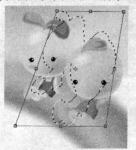
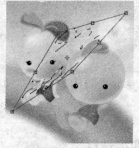

图 3.3.13　斜切变换选区　　　　　图 3.3.14　扭曲变换选区

选择 透视(P) 命令，可以对选区进行透视变换，用鼠标拖动控制点，可显现对称的梯形。

选择 变形(W) 命令，在其相应的属性栏中的 自定 ▼ 下拉列表中可选择预设的几种变形样式，对选区进行变形处理，如图 3.3.15 所示。从预设的变形下拉列表中选择 鱼眼 选项，可将选区变换为如图 3.3.16 所示的效果。

图 3.3.15　预设的变形下拉列表　　　　图 3.3.16　使用预设的变形效果

确定好选区的变换后，在变换框内双击鼠标或按回车键，即可确认变换设置。

3. 旋转与翻转选区

在选区的自由变换状态下,选择菜单栏中的 编辑(E) → 变换 命令子菜单中的相应命令可旋转与翻转选区。

在选区的自由变换状态下,选择菜单栏中的 编辑(E) → 变换 → 旋转180度(1) 命令,可将当前选区旋转 180°;选择菜单栏中的 编辑(E) → 变换 → 旋转90度(顺时针)(9) 命令,可将选区顺时针旋转 90°;选择 旋转90度(逆时针)(O) 命令,可将选区逆时针旋转 90°。

如果要将选区进行翻转,选择菜单栏中的 编辑(E) → 变换 → 水平翻转(H) 或 垂直翻转(V) 命令即可。

在选区的自由变换状态下,可将选区的中心点移至另一位置,然后将鼠标移至变换框上,按住鼠标左键并拖动,可按指定的中心点进行旋转,如图 3.3.17 所示即为将中心点移到变换框外后进行旋转的结果。

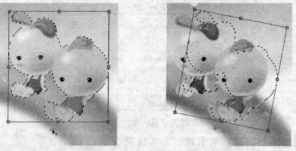

图 3.3.17　改变旋转中心点后旋转选区的结果

3.3.4　存储和载入选区

有时需要反复应用一个图像的某一个或某几个选区以创建不同的效果,此时,如果不停地重复创建选区,不但浪费时间,而且操作也很麻烦。在 Photoshop CS5 中,可以方便地将已经创建好的选区存储起来,以备以后再次调用。

1. 选区的存储

选择菜单栏中的 选择(S) → 存储选区(V)... 命令,弹出"存储选区"对话框,如图 3.3.18 所示。

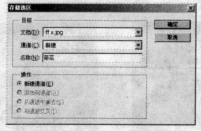

图 3.3.18　"存储选区"对话框

文档(D):该选项用于选择选区存储的位置,如果在 Photoshop CS5 中同时打开几个图像,则可以通过单击其右侧的下拉按钮 ,选择不同的文件存储;用户也可以新建一个文件,用来存储选区。

通道(C):该选项用于选择一个通道来存放选区,默认情况下,新建一个通道来存储选区。

名称(N):用户可以在其右侧的文本框中输入名称来识别存储的选区。

设置好以上参数后,单击 确定 按钮,即可将创建好的选区在通道中存储起来,如图 3.3.19所示。

图 3.3.19　存储选区效果

2. 选区的载入

选择菜单栏中的 选择(S) → 载入选区(O)... 命令，弹出"载入选区"对话框，如图 3.3.20 所示。

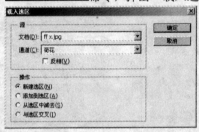

图 3.3.20　"载入选区"对话框

该对话框与"存储选区"对话框基本相似，各选项含义如下：

文档(D)：该选项用于选择已存储的选区的存储位置。

通道(C)：该选项用于选择已存储选区的通道。

□ 反相(V)：该选项用于选区的反转，即将载入的原选区进行反转操作。

⊙ 新建选区(N)：选中该单选按钮，表示将载入的选区新建为一个单独的选区。

○ 添加到选区(A)：选中该单选按钮，表示将载入的选区添加到原选区中去。

○ 从选区中减去(S)：选中该单选按钮，表示将载入的选区从原选区中减去。

○ 与选区交叉(I)：选中该单选按钮，表示选择原选区和新载入选区的交叉部分，使其成为一个新选区。

设置好以上参数后，单击 确定 按钮，即可载入存储的选区，并按"Delete"键删除选区内的图像，效果如图 3.3.21 所示。

图 3.3.21　载入并删除选区内的图像

本 章 小 结

本章主要介绍了图像的选取与编辑，包括选择工具的使用、选区的操作技巧以及编辑选区等内容。

通过本章的学习，读者应学会使用各种选择工具创建选区的方法与技巧，并能熟练对创建的选区进行各种编辑操作，以制作出特殊的图像效果。

习　题　三

一、填空题

1. 选框工具有＿＿＿＿＿、＿＿＿＿＿、＿＿＿＿＿和＿＿＿＿＿。

2. 套索工具组包括＿＿＿＿＿、＿＿＿＿＿和＿＿＿＿＿3 种。

3. 修改选区命令包括＿＿＿＿＿、＿＿＿＿＿、＿＿＿＿＿和＿＿＿＿＿4 种。

4. 软化选区的边缘可以得到＿＿＿＿＿的效果，以便于图像的编辑和处理。

5. ＿＿＿＿＿工具可以选择图像内色彩相同或者相近的区域，而无须跟踪其轮廓。

6. 利用＿＿＿＿＿命令可在图像窗口中指定颜色来定义选区，并可通过指定其他颜色来增加活动选区。

二、选择题

1. 利用（　）命令可以将当前图像中的选区和非选区进行相互转换。

(A) 反向　　　　　　　　　　　　　(B) 平滑
(C) 边界　　　　　　　　　　　　　(D) 交叉

2. 在处理图像的过程中，若要重新创建选区，可按（　）键。

(A) Ctrl+A　　　　　　　　　　　　(B) Ctrl+D
(C) Shift+Crtl+D　　　　　　　　　　(D) Ctrl+Shift+I

3. 若要取消制作过程中不需要的选区，可按（　）键。

(A) Ctrl+N　　　　　　　　　　　　(B) Ctrl+D
(C) Ctrl+O　　　　　　　　　　　　(D) Ctrl+Shift+I

三、简答题

1. 在 Photoshop CS5 中，如何对创建的选区进行修改？

2. 如何在 Photoshop CS5 中将一个选区保存，并在需要时再将其载入？

四、上机操作

1. 在一个图像文件，创建一个椭圆选区，然后对选区内的图像应用各种自由变换效果。

2. 打开一幅夜景图像，使用本章所学的知识在图像中绘制一个月亮。

第4章 绘图与修图工具的使用

Photoshop CS5 工具箱中提供的大部分工具都是绘图与修饰工具，它们在绘画与修饰方面起着举足轻重的作用。用户利用这些工具可充分发挥自己的创造性，非常方便地对图像进行各种各样的编辑，从而制作出一些富有艺术性的作品。

本章要点

（1）绘图工具的使用。
（2）擦除图像工具的使用。
（3）修复工具的使用。
（4）修饰工具的使用。

4.1 绘图工具的使用

绘图是制作图形图像的基础，利用绘图工具可以直接在绘图区域中绘制图形。绘图工具包括画笔工具、铅笔工具、历史记录画笔工具、历史记录艺术画笔工具以及颜色替换工具。下面对其进行详细介绍。

4.1.1 画笔工具

在 Photoshop CS5 中，画笔工具是最基本的绘图工具，可用于创建图像内柔和的色彩线条或者黑白线条。

1. 画笔的功能

单击工具箱中的"画笔工具"按钮，此时属性栏中显示画笔工具的参数设置，如图 4.1.1 所示。

图 4.1.1 "画笔工具"属性栏

在下拉列表中可以选择不同大小的画笔。
在 模式: 下拉列表中可以设置画笔的混合模式。
在 流量: 输入框中输入数值，可设置画笔绘制时的流量，数值越大画笔颜色越深。
在 不透明度: 输入框中输入数值，可设置绘图颜色对图像的掩盖程度。当不透明度值为 100% 时，绘图颜色完全覆盖图像，当不透明度值为 1% 时，绘图颜色基本上是透明的。
在属性栏中单击"切换画笔面板"按钮，或按"F5"键，可打开画笔面板，在此面板中也可以选择画笔，如图 4.1.2 所示。
用户在画笔面板中选择一种画笔后，在图像中拖动鼠标就可以绘制出不同效果的图像，效果如图

4.1.3 所示。

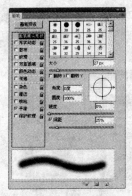
图 4.1.2　画笔面板

图 4.1.3　使用不同画笔绘制的效果

2．新建与自定义画笔

尽管 Photoshop CS5 提供了很多类型的画笔，但在实际应用中并不能满足需要。因此，可以通过画笔面板创建新画笔进行图像绘制。具体的操作方法如下：

（1）在画笔面板中单击右上角的 █▄▆ 按钮，可从弹出的面板菜单中选择 █新建画笔预设…█ 命令，弹出"画笔名称"对话框，如图 4.1.4 所示。

图 4.1.4　"画笔名称"对话框

（2）在 █名称:█ 输入框中输入新画笔的名称，单击 █ 确定 █ 按钮，即可建立一个新画笔。

在 Photoshop CS5 中，用户可以自定义一些特殊形状的画笔，例如将图像中的某个区域或一个文字定义成一个画笔。具体的操作方法如下：

（1）打开一个图像文件，使用矩形选框工具在图像中框选需要定义画笔的区域，如图 4.1.5 所示。

（2）选择菜单栏中的 █编辑(E)█ → █定义画笔预设(B)…█ 命令，可弹出"画笔名称"对话框，如图 4.1.6 所示，在 █名称:█ 输入框中输入画笔名称，单击 █ 确定 █ 按钮。

图 4.1.5　选择图像中的某一区域

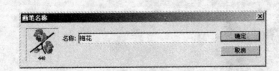
图 4.1.6　"画笔名称"对话框

（3）此时，可在画笔面板中显示出自定义的新画笔，如图 4.1.7 所示。

定义特殊画笔时，只能定义画笔形状，而不能定义画笔颜色。这是因为用画笔绘图时的颜色都是由前景色来决定的。

3．更改画笔设置

不管是新建的画笔，还是系统自带的画笔，其画笔直径、间距以及硬度等都不一定符合绘画的需求，因此需要对画笔进行设置。

选择画笔工具后，在画笔面板左侧选择 画笔笔尖形状 选项，可显示出该选项参数，如图 4.1.8 所示，然后在面板右上方选择要进行设置的画笔，再在下方设置画笔的大小抖动、最小直径、角度抖动以及圆度抖动等选项。

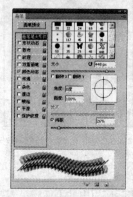

图 4.1.7　显示新定义的画笔

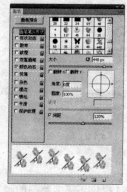

图 4.1.8　更改画笔参数

大小：用于设置画笔直径大小。

角度：用于设置画笔角度。设置时可在此输入框中输入 0～100%之间的数值来设置，或用鼠标拖动其右侧框中的箭头进行调整。

圆度：用于控制椭圆画笔长轴和短轴的比例。

☑ 间距：用于控制绘制线条时两个绘制点之间的中心距离。范围在 1%～1 000%。数值为 25%时，能绘制比较平滑的线条；数值为 200%时，绘制出的是断断续续的圆点，如图 4.1.9 所示。

除了上述参数设置外，用户还可以设置画笔的其他效果。在画笔面板左侧选中 ☑纹理 复选框，此时面板显示如图 4.1.10 所示，在此选项中可以设置画笔的纹理效果。此外，用户还可以在画笔面板中设置 ☑散布、☑双重画笔、☑形状动态 与 ☑颜色动态 选等项中的参数来定义画笔效果。

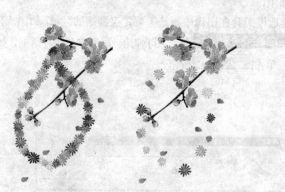

图 4.1.9　不同间距绘制的线条

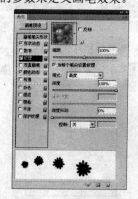

图 4.1.10　纹理选项参数

4.1.2　铅笔工具

铅笔工具属于实体画笔，主要用于绘制硬边画笔的笔触，类似于铅笔。使用铅笔工具绘制图像好像钢笔画出的直线，线条比较尖锐。其使用方法与画笔工具类似，用鼠标单击或拖动即可绘制图像，如图 4.1.11 所示。

图 4.1.11 使用铅笔工具绘制图像

单击工具箱中的"铅笔工具"按钮 ✐ ，属性栏显示如图 4.1.12 所示。

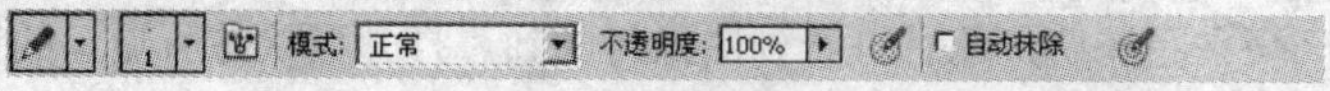

图 4.1.12 "铅笔工具"属性栏

铅笔工具属性栏中的选项与画笔工具的选项基本相似。其中，☑自动抹除是铅笔工具的特殊功能，选中此复选框，所绘制效果与鼠标的单击起始点的像素有关，当鼠标起始点的像素颜色与前景色相同时，铅笔工具可表现出橡皮擦功能，并以背景色绘图；如果绘制时鼠标起始点的像素颜色不是前景色，则所绘制的颜色仍然是前景色。

使用铅笔工具也可以以直线的方式进行绘制，其操作方法很简单，只需要在按住"Shift"键的同时使用铅笔工具在图像中按住鼠标左键拖动即可。

4.1.3 历史记录画笔工具

历史记录画笔工具和画笔工具一样，都是绘图工具，但它们又有其独特的作用。使用历史记录画笔工具可以非常方便地恢复图像至任一操作，而且还可以结合属性栏中的画笔形状、不透明度和混合模式等选项设置制作出特殊的效果。使用此工具必须结合历史记录面板配合使用。下面通过一个具体的实例来了解历史记录画笔工具的使用。

（1）打开一个图像文件，如图 4.1.13 所示。

（2）单击工具箱中的"椭圆选框工具"按钮 ◯ ，在图像中绘制椭圆选区，并按"Shift+F6"键，弹出"羽化选区"对话框，设置 羽化半径(R): 为 50 像素，单击 确定 按钮。再设置前景色为黄色，按"Alt+Delete"键填充羽化后的选区，如图 4.1.14 所示。

图 4.1.13 打开的图像

图 4.1.14 填充羽化选区

（3）按"Ctrl+D"键取消选区，此时，可在历史记录面板中显示出对图像所做的各种操作，如图 4.1.15 所示。

（4）在历史记录面板左侧单击"打开"列表前的小方块，设置历史记录画笔的源，此时小方块内会出现一个历史画笔图标，如图 4.1.16 所示。

图 4.1.15　历史记录面板　　　　　图 4.1.16　设置历史记录画笔的源

（5）单击工具箱中的"历史记录画笔"按钮，在属性栏中设置好画笔大小，按住鼠标左键在图像中需要恢复的区域来回拖动，此时可看到图像将回到"打开"状态所显示的图像，如图 4.1.17 所示。

图 4.1.17　使用历史记录画笔工具恢复图像

在历史记录画笔工具属性栏中也可设置不透明度与流量，其用途与画笔工具相同。

4.1.4　历史记录艺术画笔工具

历史记录艺术画笔工具使用指定历史记录状态或快照中的源数据，以风格化描边进行绘画。通过设置不同的绘画样式、大小和容差选项，可以用不同的色彩和艺术风格模拟绘画的纹理，如图 4.1.18 所示。

图 4.1.18　使用历史记录艺术画笔工具效果

历史记录艺术画笔工具与历史记录画笔工具的操作方法基本相同。所不同的是，历史记录画笔工具能将局部图像恢复到指定的某一步操作，而历史记录艺术画笔工具却能将局部图像依照指定的历史记录状态转换成手绘图效果。使用此工具时也须结合历史记录面板一起使用。

单击工具箱中的"历史记录艺术画笔工具"按钮，其属性栏如图 4.1.19 所示。

图 4.1.19　"历史记录艺术画笔工具"属性栏

在 模式: 下拉列表中选择一种选项可控制绘画描边的形状。

在 不透明度: 输入框中输入数值,可设置恢复图像和原来图像的相似程度。数值越大,恢复图像与原图像越接近。

在 区域: 输入框中输入数值,可指定绘画描边所覆盖的区域。数值越大,覆盖的区域就越大,描边的数量也就越多。

4.2 擦除图像工具的使用

要想擦除图像,可以利用工具箱中的橡皮擦工具、背景橡皮擦工具和魔术橡皮擦工具来擦除图像。这些工具位于工具箱中的橡皮擦工具组中,如图 4.2.1 所示。

图 4.2.1 橡皮擦工具组

4.2.1 橡皮擦工具

使用橡皮擦工具擦除图像时,会以设置的背景色填充图像中被擦除的部分。单击工具箱中的"橡皮擦工具"按钮 ,其属性栏如图 4.2.2 所示。

图 4.2.2 "橡皮擦工具"属性栏

在"橡皮擦工具"属性栏中,单击 按钮,可在打开的画笔面板中设置笔触的不透明度、渐隐和湿边等参数。

在 模式: 下拉列表中可以选择橡皮擦擦除的笔触模式,包括画笔、铅笔和块 3 种。画笔 选项以画笔效果进行擦除;铅笔 选项以铅笔效果进行擦除;块 选项以方块形状效果进行擦除。如图 4.2.3 所示为不同擦除模式下的擦除效果。

图 4.2.3 不同模式下的擦除效果

选中 抹到历史记录 复选框,使用橡皮擦工具就如使用历史记录画笔工具一样,可将指定的图像区域恢复至快照或某一操作步骤的状态。

注意:选择橡皮擦工具后,在图像中单击并拖动鼠标即可擦除图像。如果擦除的图像图层被部分锁定,擦除区域的颜色以背景色取代;如果擦除的图像图层未被锁定,擦除的区域将变成透明的区域,显示出原始背景层。

4.2.2　背景橡皮擦工具

背景橡皮擦工具可以清除图层中指定范围内的颜色像素，并以透明色代替被擦除的图像区域。单击工具箱中的"背景橡皮擦工具"按钮，其属性栏如图 4.2.4 所示。

图 4.2.4　"背景橡皮擦工具"属性栏

该属性栏中的各选项含义介绍如下：

：该选项用于设置画笔的直径、硬度、间距等属性。

：用于确定擦除的取样方式，有连续、一次、背景色板 3 种模式。如果选择"连续"选项，进行擦除时会连续取样；如果选择"一次"选项，进行擦除时仅擦除按下鼠标左键时指针所在位置的颜色，并将该颜色设置为基准颜色进行擦除；如果选择"背景色板"选项，则只擦除图像中包含当前背景色的图像区域。如图 4.2.5 所示为应用不同擦除取样方式擦除背景的效果。

图 4.2.5　利用背景橡皮擦工具擦除图像效果

限制：用于设置擦除的限制模式。在该选项的下拉列表中可以选择擦除时的擦除方式，包括 3 个选项：连续、不连续和查找边缘。使用"不连续"方式擦除时只擦除与擦除区域相连的颜色；使用"连续"方式擦除时将擦除图层上所有取样颜色；使用"查找边缘"方式擦除时能较好地保留擦除位置颜色反差较大的边缘轮廓。

容差：用于确定擦除图像或选区的颜色容差范围。

保护前景色：用于防止擦除与工具栏中相匹配的颜色区域。

4.2.3　魔术橡皮擦工具

利用魔术橡皮擦工具可以擦除图像中颜色相近的区域，并且以透明色代替被擦除的区域。其擦除范围由属性栏中的容差值来控制，该工具的使用方法与魔棒工具相似，单击工具箱中的"魔术橡皮擦工具"按钮，其属性栏如图 4.2.6 所示，然后在图像中需要擦除的区域单击鼠标，即可将与鼠标指针所在位置相近的颜色擦除。

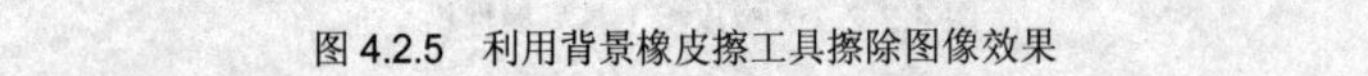

图 4.2.6　"魔术橡皮擦工具"属性栏

在 容差：输入框中输入数值，可以设置擦除颜色范围的大小，输入的数值越小，则擦除的范围越小。

选中 消除锯齿 复选框，可以消除擦除图像时的边缘锯齿现象。

选中 对所有图层取样 复选框，可以针对所有图层中的图像进行操作。

在 不透明度: 输入框中输入数值，可以设置擦除画笔的不透明度。

选中 连续 复选框，在擦除时只对连续的、符合颜色容差要求的像素进行擦除，如图 4.2.17（a）所示；而未选中"连续"复选框时，擦除图像的效果如图 4.2.7（b）所示。

（a）   （b）

图 4.2.7 利用魔术橡皮擦擦除图像效果

4.3 修复工具的使用

Photoshop CS5 提供了修复画笔工具、污点修复画笔工具、修补工具、红眼工具和仿制图章工具等多个用于修复图像的工具。利用这些工具，用户可以有效地清除图像上的杂质、刮痕和褶皱等图像画面的瑕疵。

4.3.1 修补工具

修补工具可利用图案或样本来修复所选图像区域中不完美的部分。单击工具箱中的"修补工具"按钮 ，其属性栏如图 4.3.1 所示。

图 4.3.1 "修补工具"属性栏

选中 源 单选按钮，在图像中创建一个选区，如图 4.3.2 所示，用鼠标将该区域向下拖动，在图中可以看出，选区是作为要修补的区域，效果如图 4.3.3 所示。

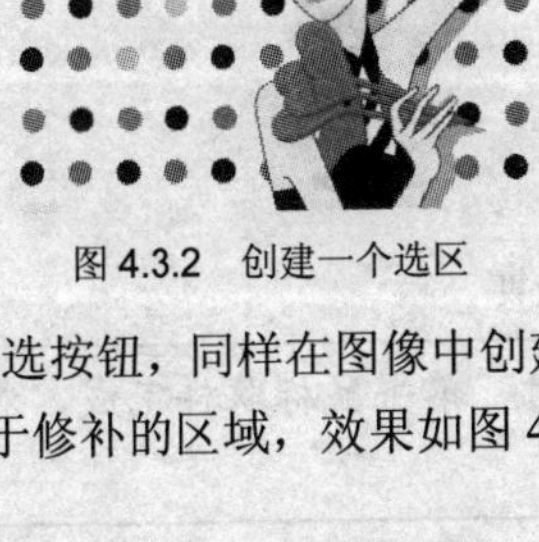

图 4.3.2 创建一个选区 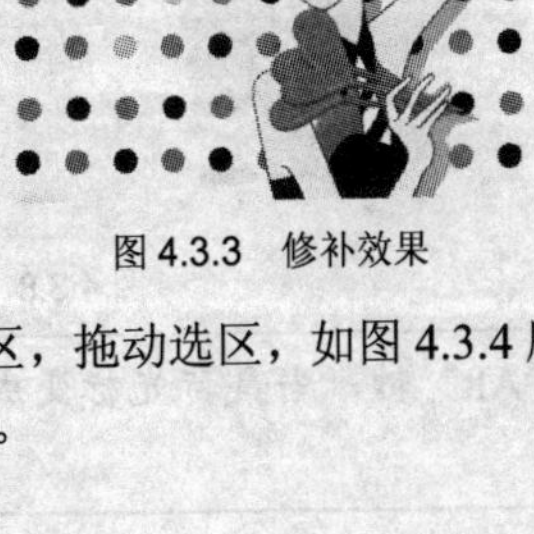   图 4.3.3 修补效果

选中 目标 单选按钮，同样在图像中创建一个选区，拖动选区，如图 4.3.4 所示，在图中可以看出，选区是作为用于修补的区域，效果如图 4.3.5 所示。

图 4.3.4　拖动目标　　　　　　　　　　　图 4.3.5　修补效果

如果图像中有选区，在属性栏中单击 按钮，在弹出的下拉列表中选择一种图案，然后单击 使用图案 按钮，需要修补的选区就会被选定的图案完全填充，效果如图 4.3.6 所示。

图 4.3.6　利用图案修补图像选区

4.3.2　修复画笔工具

利用修复画笔工具可对图像中的折痕部分进行修复，其功能与仿制图章工具相似，也可在图像中取样对其进行修复，唯一不同的是修复画笔工具可以将取样处的图像像素融入到修复的图像区域中。

单击工具箱中的"修复画笔工具"按钮 ，其属性栏如图 4.3.7 所示。

图 4.3.7　"修复画笔工具"属性栏

选中 取样 单选按钮，可以将图像中的一部分作为样品进行取样，用来修饰图像的另一部分，并将取样部分与图案融合部分用一种颜色模式混合，效果如图 4.3.8 所示。

图 4.3.8　取样修复效果

提示： 取样时按住"Alt"键，当鼠标光标变成 形状时，单击鼠标取样完成，然后在图像的其他部位涂抹。

选中 ⦿ **图案**:单选按钮，然后单击 ▦ 按钮，在弹出的下拉列表中选择一种图案，直接在图像中拖动鼠标进行涂抹，也可以创建选区后进行涂抹，效果如图 4.3.9 所示。

图 4.3.9 图案修复效果

4.3.3 污点修复画笔工具

污点修复画笔工具可以快速地修复图像中的污点以及其他不够完美的地方。污点修复画笔工具的工作原理与修复画笔工具相似，它从图像或图案中提取样本像素来涂改需要修复的地方，使需要修改的地方与样本像素在纹理、亮度和透明度上保持一致。单击工具箱中的"污点修复画笔工具"按钮 ⦸，其属性栏如图 4.3.10 所示。

⦸ ・ ● | 模式: 正常 ▾ | 类型: ⦿ 近似匹配 ⦿ 创建纹理 ⦿ 内容识别 □ 对所有图层取样 ⦸

图 4.3.10 "污点修复画笔工具"属性栏

在 **类型**:选项区中可以选择修复后的图像效果，包括 ⦿ **近似匹配** 、 ⦿ **创建纹理** 和 ⦿ **内容识别** 3 个单选按钮，修复时选中 ⦿ **近似匹配** 单选按钮，则使用选区边缘周围的像素来查找要用做选定区域修补的图像；修复时选中 ⦿ **创建纹理** 单选按钮，则使用选区中的所有像素创建用于修复该区域的纹理；修复时选中 ⦿ **内容识别** 单选按钮，则使用选区边缘周围的像素自动填充选定区域修补的图像。

选择污点修复画笔工具，然后在图像中想要去除的污点上单击或拖曳鼠标，即可将图像中的污点消除，而且被修改的区域可以无缝混合到周围的图像环境中，效果如图 4.3.11 所示。

图 4.3.11 使用污点修复画笔工具修复图像

4.3.4 模糊工具

利用模糊工具可以使图像像素之间的反差缩小，从而形成调和、柔化的效果。单击工具箱中的"模糊工具"按钮 ⬤，其属性栏如图 4.3.12 所示。

图 4.3.12　"模糊工具"属性栏

▣：可设置画笔的形状与大小。

强度：可设置画笔的压力，压力越大，色彩越浓。

在属性栏中设置好各选项后，单击鼠标在图像中涂抹可以使图像边缘或选区中的图像变得模糊，效果如图 4.3.13 所示。

图 4.3.13　模糊图像效果

注意：在使用模糊工具处理图像时，确定模糊处理的对象是非常重要的，否则凡是鼠标指针经过的区域都会受到模糊工具的影响。

4.3.5　红眼工具

使用红眼工具可消除用闪光灯拍摄的人物照片中的红眼，也可以消除用闪光灯拍摄的动物照片中的白色或绿色反光。单击工具箱中的"红眼工具"按钮，其属性栏如图 4.3.14 所示。

图 4.3.14　"红眼工具"属性栏

在 **瞳孔大小:** 文本框中可以设置瞳孔（眼睛暗色的中心）的大小。

在 **变暗量:** 文本框中可以设置瞳孔的暗度，百分比越大，则变暗的程度越大。

使用红眼工具消除照片中的红眼效果如图 4.3.15 所示。

图 4.3.15　使用红眼工具消除照片中的红眼

4.3.6　仿制图章工具

利用仿制图章工具可以将取样的图像应用到其他图像或同一图像的其他位置。单击工具箱中的

"仿制图章工具"按钮，其属性栏如图 4.3.16 所示。

图 4.3.16　"仿制图章工具"属性栏

在该属性栏中选中 对齐 复选框，可以对图像画面连续取样，而不会丢失当前设置的参考点位置；若取消选中该复选框，则会在每次停止并重新开始仿制时，使用最初设置的参考点位置。

在 样本: 右侧的 当前图层 下拉列表中，可以选择仿制图章工具在图像中取样时将应用于所有图层。

用仿制图章工具复制图像时，首先要在按住"Alt"键的同时利用该工具单击要复制的图像范围取样，然后在要复制的目标位置处单击鼠标即可复制原图像到该位置。如图 4.3.17 所示为使用仿制图章工具复制图像后的效果。

图 4.3.17　使用仿制图章工具复制图像

注意： 当使用仿制图章工具进行复制时，在图像的取样处会出现一个十字线标记，表示当前正复制取样处的原图部分。

4.3.7　图案图章工具

图案图章工具是用图像的一部分或预置图案进行绘画。单击工具箱中的"图案图章工具"按钮，其属性栏如图 4.3.18 所示。

图 4.3.18　"图案图章工具"属性栏

单击 右侧的 按钮，可在打开的预设图案面板中选择预设的图案样式，单击其中的任意一个图案，然后在图像中拖动鼠标即可复制图案。

选中 印象派效果 复选框，可使复制的图像效果类似于印象派艺术画效果。

如图 4.3.19 所示为使用图案图章工具修复图像后的效果。

图 4.3.19　使用图案图章工具为图像填充图案

4.3.8　颜色替换工具

使用颜色替换工具可以简化图像中特定颜色的替换。单击工具箱中的"颜色替换工具"按钮，属性栏显示如图 4.3.20 所示。

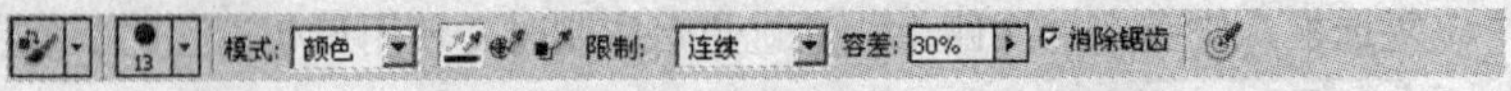

图 4.3.20　"颜色替换工具"属性栏

在 **模式：** 下拉列表中可选择需要替换的模式，包括色相、饱和度、颜色和亮度，一般选择颜色选项。

单击"连续"按钮，可在拖动时连续对颜色取样。

单击"一次"按钮，只替换包含第一次单击的颜色区域中的颜色。

单击"背景色板"按钮，只替换包含当前背景色的区域。

在 **限制：** 下拉列表中可选择要进行替换颜色的方式。选择 **不连续** 选项，可替换出现在指针下任何位置的样本颜色；选择 **连续** 选项，可替换与鼠标单击处颜色相近的颜色；选择 **查找边缘** 选项，可替换包含样本颜色的相连区域，同时更好地保留形状边缘的锐化程度。

在 **容差：** 输入框中输入数值，可替换与所选点像素非常相似的颜色。增加该百分比，可替换范围更广的颜色。

如图 4.3.21 所示为使用颜色替换工具修复图像后的效果。

图 4.3.21　使用颜色替换工具效果

4.4　修饰工具的使用

在处理图像的过程中，有时需要对图像画面的细节部分进行细微处理。在 Photoshop CS5 中提供了多个用于图像画面处理的工具，包括锐化工具、涂抹工具、减淡工具、加深工具以及海绵工具，下面对其进行具体介绍。

4.4.1　锐化工具

锐化工具可用来锐化软边以增加图像的清晰度，也就是增大像素颜色之间的反差。单击工具箱中的"锐化工具"按钮，其属性栏中显示如图 4.4.1 所示。

图 4.4.1　"颜色替换工具"属性栏

：可设置画笔的形状与大小。

强度： 可设置画笔的压力，压力越大，锐化色彩程度越浓。

选中 ☑对所有图层取样 复选框，可以针对所有图层中的图像进行锐化。

如图 4.4.2 所示为使用锐化工具修饰图像的效果。

图 4.4.2 使用锐化工具修饰图像效果

4.4.2 涂抹工具

涂抹工具可以模拟手指在湿颜料中拖动所绘制出来的效果。此工具可以涂抹开始位置的颜色取样，并沿拖动的方向展开取样处的颜色。单击工具箱中的"涂抹工具"按钮 ，其属性栏如图 4.4.3 所示。

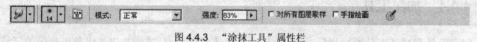

图 4.4.3 "涂抹工具"属性栏

选中 ☑手指绘画 复选框，在图像中涂抹时用前景色与图像中的颜色混合进行涂抹；如果不选中此复选框，涂抹工具会使用每个描边的起点处指针所指的颜色进行涂抹。

如图 4.4.4 所示为使用涂抹工具修饰图像的效果。

图 4.4.4 使用涂抹工具修饰图像

4.4.3 减淡工具

减淡工具用来加亮图像的区域，使图像区域的颜色发亮，以达到不同的图像效果。单击工具箱中的"减淡工具"按钮 ，属性栏如图 4.4.5 所示。

图 4.4.5 "减淡工具"属性栏

在 范围:下拉列表中可选择不同的色调范围，选择 阴影 选项，可更改图像内的暗调区域；选择

中间调 选项，可更改图像内的中间色调区域；选择 高光 选项，可更改图像内的亮光区域。

在 曝光度: 输入框中输入数值，可设置处理图像时的曝光强度。

如图 4.4.6 所示为使用减淡工具修饰图像的效果。

图 4.4.6　使用减淡工具修饰图像效果

注意：在"减淡工具"属性栏的 下拉列表中包含着许多不同类型的画笔样式。选择边缘较柔和的画笔样式进行操作，可以产生曝光度变化比较缓和的效果；选择边缘较生硬的画笔样式进行操作，可以产生曝光度比较强烈的效果。

4.4.4　加深工具

加深工具和减淡工具刚好相反，加深工具是将图像颜色加深，或增加曝光度使照片中的区域变暗。单击工具箱中的"加深工具"按钮 ，其属性栏与减淡工具的相同，这里不再赘述。然后在图像中需要加深的位置单击鼠标，即可使图像变得更加清晰，效果如图 4.4.7 所示。

图 4.4.7　使用加深工具修饰图像效果

4.4.5　海绵工具

使用海绵工具可以调整图像的饱和度。在灰度模式下，通过使灰阶远离或靠近中间灰度色调来增加或降低图像的对比度。单击工具箱中的"海绵工具"按钮 ，其属性栏如图 4.4.8 所示。

图 4.4.8　"海绵工具"属性栏

该属性栏中的 模式: 下拉列表用于设置饱和度调整模式。其中 降低饱和度 模式可降低图像颜色的饱和度，使图像中的灰度色调增强； 饱和 模式可增加图像颜色的饱和度，使图像中的灰度色调减少。如图 4.4.9 所示为应用降低饱和度模式后的效果。

图 4.4.9　使用海绵工具修饰图像效果

本 章 小 结

　　本章主要介绍了绘图与修图工具的使用方法与技巧，主要包括绘图工具的使用、擦除图像工具的使用、修复工具的使用以及修饰工具的使用。通过本章的学习，读者应学会绘图工具与修图工具的各种操作技巧，以便在绘制和处理图像的过程中更加快速地完成任务。

习 题 四

一、填空题

　　1. _____工具是 Photoshop 中最基本的绘图工具，可用于创建图像内柔和的色彩线条或者黑白的线条。

　　2. 要擦除图像中的内容，可以使用的 3 种工具分别是_____、_____与_____。

　　3. 利用_____可以擦除图层中具有相似颜色的区域，并以透明色替代被擦除的区域。

　　4. _____工具与_____工具相反，它是一种使图像色彩锐化的工具，也就是通过增加像素间的对比度来使图像更加清晰。

　　5. _____工具属于实体画笔，主要用于绘制硬边画笔的笔触。

　　6. 当使用仿制图章工具进行复制时，在图像的取样处会出现一个十字线标记，表示_____取样处的原图部分。

二、选择题

　　1. 按住（　　）键的同时单击铅笔工具在图像中拖动鼠标可绘制直线。

　　（A）Shift　　　　　　　　　　　　（B）Ctrl

　　（C）Alt　　　　　　　　　　　　　（D）Shift+ Alt

　　2. 如果选中"铅笔工具"属性栏中的"自动抹掉"复选框，可以将铅笔工具设置成类似（　　）工具。

　　（A）仿制图章　　　　　　　　　　（B）魔术橡皮擦

　　（C）背景橡皮擦　　　　　　　　　（D）橡皮擦

3．利用（　）工具可以调整图像的饱和度。

　　（A）海绵　　　　　　　　　　　　（B）模糊

　　（C）加深　　　　　　　　　　　　（D）锐化

4．利用（　）工具可以快速地移去图像中的污点和其他不理想部分，以达到令人满意的效果。

　　（A）杂点修复画笔　　　　　　　　（B）修补

　　（C）修复画笔　　　　　　　　　　（D）背景橡皮擦

5．利用（　）工具可以清除图像中的蒙尘、划痕及褶皱等，同时保留图像的阴影、光照和纹理等效果。

　　（A）污点修复画笔　　　　　　　　（B）修补

　　（C）修复画笔　　　　　　　　　　（D）背景橡皮擦

三、简答题

1．如何新建和自定义画笔？

2．如何使用修补工具修饰图像？

四、上机操作

1．打开一幅需要修复的老照片，使用本章所学的知识修复照片画面的瑕疵。

2．练习使用本章所学的知识绘制一幅如题图 4.1 所示的图像效果。

题图　4.1

第 5 章　图像色彩与色调的调整

Photoshop CS5 提供了功能非常全面的色彩与色调调整命令，利用这些命令可以很方便地对图像进行修改和编辑，例如将一个色彩稍有损坏的照片或扫描质量很差的彩色图片调整为一个较完美的图像；还可以校正照片中常常出现的曝光和光线不足等问题。

本章要点

（1）调整图像色彩。
（2）调整图像色调。
（3）调整图像特殊色调。

5.1　调整图像色彩

在 Photoshop CS5 中提供了多个调整图像色彩的命令，可以轻松快捷地改变图像的色相、饱和度、亮度和对比度。通过使用这些命令，可以创作出多种色彩效果的图像，但这些命令的使用或多或少都会丢失一些颜色数据。

5.1.1　调整图像色相和饱和度

对色相的调整表现为在色轮中旋转，也就是颜色的变化；对饱和度的调整表现为在色轮半径上移动，也就是颜色浓淡的变化。

选择菜单栏中的 图像(I) → 调整(A) → 色相/饱和度(H)... 命令，弹出"色相/饱和度"对话框，如图 5.1.1 所示。在该对话框中可以调整图像的色相、饱和度和明度。

在对话框底部显示有两个颜色条，第一个颜色条显示了调整前的颜色，第二个颜色条则显示了如何以全饱和的状态影响图像所有的色相。

调整时，先在 预设(E): 下拉列表中选择调整的颜色范围。如果选择 全图 选项，则可一次调整所有颜色；如果选择其他范围的选项，则针对单个颜色进行调整。

确定好调整范围后，便可对 色相(H): 、 饱和度(A): 和 明度(I): 的数值进行调整，这些图像的色彩会随数值的调整而变化。

色相(H): ：后面的文本框中显示的数值反映颜色轮中从像素原来的颜色旋转的度数，正值表示顺时针旋转，负值表示逆时针旋转。其取值范围在-180～180 之间。

饱和度(A): ：此选项可调整图像颜色的饱和度，数值越大，饱和度越高。其取值范围在-100～100之间。

明度(I): ：数值越大明度越高。其取值范围在-100～100 之间。

选中 ☑ 着色(O) 复选框，可为灰度图像上色，或创建单色调图像效果。

如图 5.1.2 所示为使用色相/饱和度命令前后的效果对比。

图 5.1.1 "色相/饱和度"对话框　　　　　图 5.1.2 应用色相/饱和度命令前后的效果对比

5.1.2 设置图像渐变映射

使用渐变映射命令可以将图像中的最暗色调对应为某一渐变色的最暗色调，将图像中的最亮色调对应为某一渐变色的最亮色调，从而将整个图像的色阶映射为渐变的所有色阶。调整图像时，系统会先将图像转换为灰度，然后再用指定的渐变色替换图像中的灰度，从而达到改变颜色的目的。

选择菜单栏中的 图像(I) → 调整(A) → 渐变映射(G)... 命令，弹出"渐变映射"对话框，如图 5.1.3 所示。

灰度映射所用的渐变：单击渐变颜色条右侧的三角按钮，在打开的选项中可以选择系统预设的渐变类型作为映射的渐变色；也可单击渐变颜色条，弹出"渐变编辑器"对话框，在其中设置自己喜欢的渐变颜色。

选中 ☑ 仿色(D) 复选框，可以使图像产生抖动的效果。

选中 ☑ 反向(R) 复选框，可以使图像中各像素的颜色变成与其对应的补色。

如图 5.1.4 所示为应用渐变映射命令前后的效果对比。

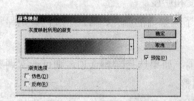

图 5.1.3 "渐变映射"对话框　　　　　图 5.1.4 应用渐变映射命令前后的效果对比

5.1.3 调整阴影与高光值

阴影/高光命令适用于校正由强逆光而形成剪影的照片，或者校正由于太接近相机闪光灯而有些发白的焦点。

选择菜单栏中的 图像(I) → 调整(A) → 阴影/高光(W)... 命令，弹出"阴影/高光"对话框，如图 5.1.5 所示。

阴影：用来设置暗部在图像中所占的数量多少，数值越大，图像越亮。

高光：用来设置亮部在图像中所占的数量多少，数值越大，图像就越暗。

☑ **显示更多选项(O)**：选中此复选框，可显示"阴影/高光"对话框的详细内容，在此对话框中可以进行更精确地调整。

如图 5.1.6 所示为应用阴影/高光命令前后的效果对比。

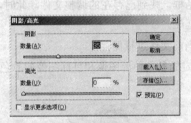 

图 5.1.5　"阴影/高光"对话框　　　　　图 5.1.6　应用阴影/高光命令前后的效果对比

5.1.4　匹配图像颜色

匹配颜色命令通过匹配一幅图像与另一幅图像的色彩模式，使更多图像之间达到一致外观。下面举例说明匹配颜色命令的使用方法。

（1）打开如图 5.1.7 所示的两幅图像，其中，（a）为源图像，即需要调整颜色的图像，（b）为目标图像。

（a）　　　　　　　　　　　　　（b）

图 5.1.7　源图像与目标图像

（2）使图 5.1.7 （a）表示的图像成为当前可编辑图像，然后选择菜单栏中的 图像(I) →
调整(A) → 匹配颜色(M)... 命令，弹出"匹配颜色"对话框，从 源(S): 下拉列表中选择目标图像，如图
5.1.10 所示。

（3）调整 图像选项 选项区中的亮度、颜色强度、渐隐参数。

1）**明亮度(L)**：用于增加或减小目标图像的亮度，其最大值为 200，最小值为 1。

2）**颜色强度(C)**：用于调整目标图像的色彩饱和度，其最大值为 200，最小值为 1（灰度图像），默认值为 100。

3）**渐隐(E)**：用于控制应用于图像的调整量，向右移动滑块可减小调整量。

4）选中 ☑ **中和(N)** 复选框，可以自动移去目标图像的色痕。

（4）在 **图像统计** 选项区中可以设置匹配与被匹配的选项。

1）如果在源图像中存在选区，选中 ☑ **使用源选区计算颜色(R)** 复选框，可使用源图像选区中的颜色计算调整；否则，会使用整个图像进行匹配。

2）如果在目标图像中存在选区，选中 ☑ **使用目标选区计算调整(T)** 复选框，可以对目标选区进行计算调整。

3）在 **源(S)** 下拉列表中可以选择用来与目标匹配的源图像。

4）在 **图层(A)** 下拉列表中可以选择匹配图像的图层。

5）单击 **载入统计数据(O)...** 按钮，可弹出"载入"对话框，找到已存在的调整文件。此时，无须在 Photoshop 中打开源图像文件，就可以对目标文件进行匹配。

6）单击 **存储统计数据(V)...** 按钮，可以将设置完成的当前文件进行保存。

（5）设置好参数后，单击 **确定** 按钮，即可按指定的参数使源图像和目标图像的颜色匹配，效果如图 5.1.8 所示。

图 5.1.7　选择目标图像　　　　　图 5.1.8　应用匹配颜色命令前后的效果对比

5.1.5　替换图像颜色

替换颜色命令可以创建蒙版，以选择图像中的特定颜色，可以设置选定区域的色相、饱和度和亮度，或者使用拾色器来选择替换颜色。

选择菜单栏中的 **图像(I)** ➞ **调整(A)** ➞ **替换颜色(R)...** 命令，弹出"替换颜色"对话框，如图 5.1.9 所示。

此颜色框中的颜色为所选的需要替换的颜色

调整色相、饱和度、明度数值后，在此颜色框中可显示出调整出的将要替换的颜色

图 5.1.9　"替换颜色"对话框

调整图像时，先选中预览框下方的 ⊙ 选区(C) 单选按钮，利用对话框左上方的 3 个吸管单击图像，可得到蒙版所表现的选区：蒙版区域（非选区）为黑色，非蒙版区域为（选区）为白色，灰色区域为不同程度的选区。

"选区"选项的用法是：先设置 颜色容差(E): 值，数值越大，可被替换颜色的图像区域越大，然后使用对话框中的吸管工具在图像中选择需要替换的颜色。用吸管工具 ✐ 连续取色表示增加选择区域，用吸管工具 ✐ 连续取色表示减少选择区域。

设置好需要替换的颜色区域后，将 替换 选项区中 色相(H)、 饱和度(A)、 明度(G): 数值进行替换。

单击 确定 按钮，可替换图像中选取的颜色。如图 5.1.10 所示为应用替换颜色命令的前后效果对比。

图 5.1.10　应用替换颜色命令前后的效果对比

5.1.6　去除图像彩色

去色命令可将彩色图像转换为灰度图像，但图像的颜色模式保持不变。例如，它为 RGB 图像中的每个像素指定相等的红色、绿色和蓝色值，而每个像素的明度值不改变。此命令与在"色相/饱和度"对话框中将"饱和度"设置为-100 的效果相同。

选择菜单栏中的 图像(I) → 调整(A) → 去色(D) 命令后，系统可以自动去除图像的颜色，效果如图 5.1.11 所示。

图 5.1.11　应用去色命令前后的效果对比

5.1.7　照片滤镜的使用

照片滤镜命令可模仿相机的滤镜效果处理图像，在相机的镜头前面添加彩色滤镜，以便通过调整镜头传输的光的色彩平衡和色温使胶片产生曝光效果。

选择菜单栏中的 图像(I) → 调整(A) → 照片滤镜(F)... 命令，弹出"照片滤镜"对话框，如图 5.1.12 所示。

在 使用 选项区中有两个选项，选中 滤镜(F): 单选按钮，可在其后面的下拉列表中选择多种预设的滤镜效果；选中 颜色(C): 单选按钮，可自定义颜色滤镜。

在 浓度(D): 文本框中输入数值或拖动相应的滑块，可调整着色的强度。其取值范围为 1%～100%，数值越大，滤色效果越强。

选中 保留亮度(L) 复选框，可以保持图像亮度。

如图 5.1.13 所示为应用照片滤镜命令前后的效果对比。

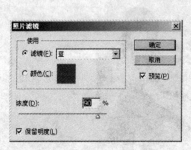

图 5.1.12　"照片滤镜"对话框　　　　　图 5.1.13　应用照片滤镜命令前后的效果对比

5.1.8　可选颜色

可选颜色校正是高端扫描仪和分色程序使用的一种技术，用于在图像中的每个主要原色成分中更改印刷色数量，用户可以有选择地修改任何主要颜色中的印刷色数量而不会影响其他主要颜色，该命令使用 CMYK 颜色来校正图像。

选择菜单栏中的 图像(I) → 调整(A) → 可选颜色(S)... 命令，弹出"可选颜色"对话框，如图 5.1.14 所示。

图 5.1.14　"可选颜色"对话框

在 颜色(O): 选项区中可以设置需要调整的颜色，单击其右侧的下拉按钮，弹出颜色下拉列表，其中包括红色、黄色、绿色、青色、蓝色、洋红、白色、中性色和黑色。

（2）分别在 青色(C):、洋红(M):、黄色(Y): 和 黑色(B): 右侧的文本框中输入数值或拖动其下方的滑块，可以增加或减少所选颜色中的像素。

（3）方法：该选项用于设置图像中颜色的调整是相对于原图像调整，还是使用调整后的颜色覆盖原图。

1）选中 相对(R) 单选按钮表示按照总量的百分比更换现有的青色、洋红、黄色或黑色的量。

2）选中 绝对(A) 单选按钮表示采用绝对值调整颜色。

如图 5.1.15 所示为应用可选颜色命令前后的效果对比。

图 5.1.15　应用可选颜色命令前后的效果对比

5.1.9　变化颜色

变化颜色命令可以在调整图像或选区的色彩平衡、对比度和饱和度的同时，看到图像或选区调整前和调整后的缩略图，使调整更加简单、清楚。此命令对于不需要精确调整颜色的平均色调图像最为有用，但不适用于索引颜色图像或 16 位/通道的图像。

选择菜单栏中的 图像(I) → 调整(A) → 变化... 命令，弹出"变化"对话框，如图 5.1.16 所示。

选中 阴影(A) 、 中间色调(M) 和 高光(T) 3 个单选按钮，可以分别调整图像的暗调、中间调和高光的区域。

选中 饱和度(T) 单选按钮，可以调整图像的饱和度。

选中 显示修剪(C) 复选框，可以使图像中部分因为调整而被忽略的区域以霓虹灯效果显示及转化为白色或黑色。当调整的是中间色调区域时，修剪不会被显示。

如图 5.1.17 所示为应用变化颜色命令前后的效果对比。

图 5.1.16　"变化"对话框

图 5.1.17　应用变化颜色命令前后的效果对比

5.1.10　通道混合器

通道混合器只在 RGB 颜色、CMYK 颜色模式中起作用，而在其他颜色模式中不可用。通道混合器是一个调整图层，加全白蒙版时，它作用于整个某通道；加局部透明蒙版时，它只作用于某通道的局部透明区域。

选择菜单栏中的 图像(I) → 调整(A) → 通道混合器(X)... 命令，弹出"通道混和器"对话框，如图 5.1.18 所示。

图 5.1.18 "通道混和器"对话框

在 输出通道 下拉列表中可选择一个通道。当图像为 RGB 模式时，在此下拉列表中有 3 个通道，即红、绿、蓝；当所需要调整的图像模式为 CMYK 时，此下拉列表中有 4 个通道，即青色、洋红色、黄色、黑色。

在 源通道 选项区中可设置其中一个通道的参数，向左拖动滑块，可减少源通道在输出通道中所占的百分比，向右拖动滑块，效果则相反。

拖动 常数(N): 滑块，改变常量值，可在输出通道中加入一个透明的通道。当然，透明度可以通过滑块或数值调整，负值时为黑色通道，正值时为白色通道。

若选中 ☑ 单色(H) 复选框，则可对所有输出通道应用相同的设置，创建出灰阶的图像。

如图 5.1.19 所示为应用通道混合器命令前后的效果对比。

图 5.1.19 应用通道混合器命令前后的效果对比

5.2 调整图像色调

图像色调的调整主要是对图像明暗度进行控制。例如当一幅图像显示得比较亮时，可以将它变暗一些，或者将一个颜色过暗的图像调整得亮一些。

5.2.1 自动调整图像色调

自动色调命令可用于处理对比度不强的图像文件，使用此命令可自动增强图像的对比度。在调整图像过程中，它将各个通道中的最亮和最暗像素自动映射为白色和黑色，然后按照比例重新分配中间像素值。

5.2.2 自动调整颜色对比度

自动对比度可以自动调整图像亮部和暗部的对比度。它会将图像中最暗的像素转换为黑色，将最亮的像素转换为白色，使原图像中亮的区域更亮，暗的区域更暗，从而加大图像的对比度。

5.2.3 自动校正色彩

自动颜色命令可以自动调整图像颜色，其主要针对图像的亮度和颜色之间的对比度。

5.2.4 调整曝光度

使用曝光度命令可以调整 HDR 图像的色调，也可以用于调整 8 位和 16 位图像，可以对曝光不足或曝光过度的图像进行调整。

选择菜单栏中的 图像(I) → 调整(A) → 曝光度(E)... 命令，弹出"曝光度"对话框，如图 5.2.1 所示。

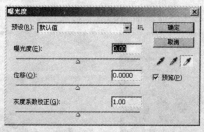

图 5.2.1 "曝光度"对话框

在 曝光度(E): 选项中输入数值或拖曳滑块，可调整色调范围的高光端，对极限阴影的影响很小。

在 位移(O): 选项中输入数值或拖曳滑块，可使图像中阴影和中间调变暗。

在 灰度系数校正(G): 选项中输入数值或拖曳滑块，可以使用简单的乘方函数调整图像灰度系数。负值会被视为相应的正值（这些值仍然保持为负，但仍然会被调整，就像它们是正值一样）。

按钮组用于调整图像的亮度值，从左至右分为"设置黑场"吸管工具、"设置灰场"吸管工具、"设置白场"吸管工具。

如图 5.2.2 所示为应用曝光度命令前后的效果对比。

图 5.2.2 应用曝光度命令前后的效果对比

5.2.5　调整亮度和对比度

亮度/对比度命令可以调整图像的亮度与对比度。虽然亮度与对比度可以使用色阶与曲线命令调整，但这两个命令使用比较复杂，而使用亮度/对比度命令可以更加方便、直观地完成亮度与对比度的调整。

选择菜单栏中的 图像(I) → 调整(A) → 亮度/对比度(C)... 命令，可弹出"亮度/对比度"对话框，如图 5.2.3 所示。

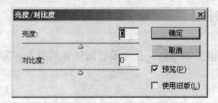

图 5.2.3　"亮度/对比度"对话框

在 亮度: 输入框中输入数值或拖动相应的滑块，可调整图像的亮度。

在 对比度: 输入框中输入数值或拖动相应的滑块，可调整图像的对比度。

亮度与对比度的值为负值时，图像亮度和对比度下降；如果值为正值时，则图像亮度与对比度增加；值为 0 时，图像不发生变化。

如图 5.2.4 所示为应用亮度/对比度命令前后的效果对比。

图 5.2.4　使用亮度/对比度命令调整图像

5.2.6　调整色阶

使用色阶命令可以调整图像的明暗度、色调的范围和色彩平衡。

选择菜单栏中的 图像(I) → 调整(A) → 色阶(L)... 命令，弹出"色阶"对话框，如图 5.2.5 所示。

在 通道(C): 下拉列表中可选择一种通道来进行调整。

单击 ≡ 按钮，从弹出的快捷菜单中选择 载入预设... 命令，可以载入一个色阶文件作为对当前图像的调整；选择 存储预设... 命令，可以将当前输入色阶的值保存起来，以便以后导入使用。

在 输入色阶(I): 后面有 3 个输入框，可用于设置图像的最暗调、中间调和最亮调，也可通过移动相对应的滑块来对图像的色调进行调整。

在 输出色阶(O): 后面的两个输入框中输入数值，可以限定图像的亮度范围。

在图像中单击"设置黑场"按钮 ，则会将图像中最暗处的色调设置为单击处的色调值，所有比它更暗的像素都将成为黑色。

在图像中单击"设置灰点"按钮 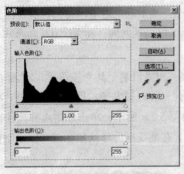，则单击处颜色的亮度将成为图像的中间色调范围的平均亮度。

单击"设置白场"按钮 ，在图像中单击，可将最亮处的色调值设置为单击处的色调值，所有比它更亮的像素都将成为白色。

单击 自动(A) 按钮，Photoshop CS5 将以 0.5%的比例调整图像的亮度。它把图像中最亮的像素变成白色，最暗的像素变成黑色。

单击 选项(T)... 按钮，即可弹出"自动颜色校正选项"对话框，如图 5.2.6 所示。在此对话框中可设置各种颜色校正选项。

图 5.2.5 "色阶"对话框

图 5.2.6 "自动颜色校正选项"对话框

在 算法 选项区中可选择颜色校正的算法。

在 目标颜色和修剪 选项区中可设置暗调、中间调与高光 3 种色调的颜色。

选中 ☑ 存储为默认值(D) 复选框，则可以将在此对话框中设置的参数保存为默认值。

如图 5.2.7 所示为应用色阶命令前后的效果对比。

图 5.2.7 应用色阶命令前后的效果对比

5.2.7 调整曲线

该命令与色阶相同，也可以用来调整图像的色调范围。但是，曲线不是通过定义暗调、中间区和高亮区三个变量来进行色调调整的，它可以对图像的红色（R）、绿色（G）、蓝色（B）、RGB 4 个通道中的 0～255 范围内的任意点进行色彩调节，从而创造出更多种色调和色彩效果。

选择菜单栏中的 图像(I) → 调整(A) → 曲线(U)... 命令，弹出"曲线"对话框，如图 3.4.4 所示。

该对话框中的 通道(C): 选项与"色阶"对话框中的 通道(C): 选项完全相同，主要用于对通道进行选择。

曲线图有水平轴和垂直轴之分，水平轴表示图像原来的亮度值；垂直轴表示新的亮度值。水平轴和垂直轴之间的关系可以通过调节对角线（曲线）来控制：

（1）曲线右上角的控制点向左移动，增加图像亮部的对比度，并使图像变亮（控制点向下移动，所得效果相反）。曲线左下角的控制点向左移动，增加图像暗部的对比度，使图像变暗（控制点向上移动，所得效果相反）。

（2）使用调节点可控制对角线的中间部分（用鼠标在曲线上单击，可以增加节点）。曲线斜度即表示灰度系数，此外，也可以通过在 **输入(I):** 和 **输出(O):** 输入框中输入数值来控制。

（3）要调整图像的中间调，且在调节时不影响图像亮部和暗部的效果，可先用鼠标在曲线的 1/4 和 3/4 处增加调节点，然后对中间调进行调整。

（4）要得到图像中某个区域的像素值，可以先选择某个颜色通道，将鼠标放在图像中要调节的区域，按住鼠标左键稍微移动鼠标，这时曲线图上会出现一个圆圈，在 **输入(I):** 和 **输出(O):** 输入框中就会显示出鼠标所在区域的像素值。

调节曲线形状的按钮有两个：“曲线工具”按钮 和 “铅笔工具”按钮 。选择曲线工具后，将鼠标移至曲线上，指针会变成一个十字形，此时按住鼠标左键并拖动即可改变曲线，释放鼠标，该点将会被锁定，再移动曲线，锁定点不会被移动，如图 5.2.8 所示。单击锁定点并按住鼠标左键将其拖至曲线框范围外即可删除锁定点。选择铅笔工具后，在曲线框内移动鼠标就可以绘制曲线，即改变曲线的形状，如图 5.2.9 所示。

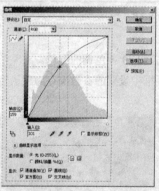　　　　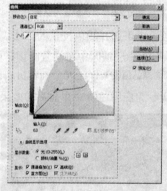

图 5.2.8　使用曲线工具调整　　　　　　图 5.2.9　使用铅笔工具调整

对于 RGB 模式的图像，其曲线显示的亮度值范围在 0～255 之间，左面代表图像的暗部（最左边值为 0，即黑色）；右面代表图像的亮部（最右边值为 255，即白色）。曲线图中的方格相当于坐标，每个方格代表 64 个像素。

如果用鼠标单击曲线图下面的黑白渐变条中的双三角小图标 ，则亮部和暗部的位置会互换。如图 5.2.10 所示的是应用曲线命令前后的效果对比。

图 5.2.10　应用曲线命令前后的效果对比

5.2.8　调整色彩平衡

色彩平衡命令能粗略地进行图像的色彩校正，简单地调整图像暗调区、中间调区和高光区的各色彩成分，使混合色彩达到平衡效果。

选择菜单栏中的 图像(I) → 调整(A) → 色彩平衡(B)... 命令，弹出"色彩平衡"对话框，如图 5.2.11 所示。

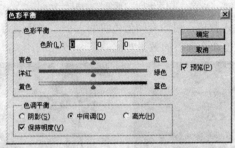

图 5.2.11　"色彩平衡"对话框

在 色阶(L): 右侧的 3 个输入框中输入数值或拖动下方相应的滑块，可依次调整暗调、中间调和高光，其数值范围在-100～100 之间。滑杆上的滑块越向左端，图像中的颜色越接近 CMYK 的颜色；越向右端，图像中的颜色越接近于 RGB 色彩。

在 色彩平衡 选项区中有 3 个单选按钮，即 阴影(S)、中间调(D) 与 高光(H)。选中其中一个单选按钮，则色调平衡命令将会调整对应图像的色调。

选中 保持明度(V) 复选框，可以保持图像的整体亮度不变。

如图 5.2.12 所示为应用色彩平衡命令前后的效果对比。

图 5.2.12　应用色彩平衡命令前后的效果对比

5.3　调整图像特殊色调

特殊色调调整命令包括黑白、色调均化、阈值、反相以及渐变映射等。使用这些命令可以改变图像中的颜色或亮度值，从而产生特殊效果。

5.3.1　阈值

利用阈值命令可以将图像中所有亮度值比阈值小的像素都变成黑色，所有亮度值比它大的像素都变成白色，从而将一幅灰度图像或彩色图像转变为高对比度的黑白图像。

选择菜单栏中的 图像(I) → 调整(A) → 阈值(T)... 命令，弹出"阈值"对话框，如图 5.3.1 所示。

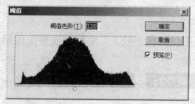

图 5.3.1　"阈值"对话框

在 阈值色阶(I): 文本框中输入数值，可改变阈值色阶的大小，其范围为 1～255。

如图 5.3.2 所示为应用阈值命令前后的效果对比。

图 5.3.2　应用阈值命令前后的效果对比

5.3.2　调整图像色彩反相

反相命令能将图像进行反转，即转化图像为负片，或将负片转化为图像。

选择菜单栏中的 图像(I) → 调整(A) → 反相(I) 命令，也可按"Ctrl+I"键，通道中每个像素的亮度值会被直接转换为当前图像中颜色的相反值，即白色变为黑色。应用反相命令前后效果对比如图 5.3.3 所示。

图 5.3.3　应用反相命令前后效果对比

提示： 在实际的图像处理过程中，可以使用反相命令创建边缘蒙版，以便向图像中选定的区域应用锐化滤镜或进行其他调整。

5.3.3　调整彩色图像

色调分离命令可以设置图像中每个通道亮度值的数目，然后将像素映射为最接近的匹配颜色。该命令对图像的调整效果与"阈值"命令相似，但比"阈值"命令调整的图像色彩更丰富。

选择菜单栏中的 图像(I) → 调整(A) → 色调分离(P)... 命令，弹出"色调分离"对话框，如图 5.3.4 所示。

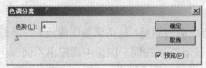

图 5.3.4　"色调分离"对话框

在 色阶(L): 输入框中输入数值可设置图像的色调变化，其值越小，色调变化越明显。

设置好参数后，单击 确定 按钮，效果如图 5.3.5 所示。

图 5.3.5　应用色调分离命令前后的效果对比

5.3.4　调整图像色调均化

色调均化命令可以调整图像中像素的亮度值，以使其更均匀地呈现所有范围的亮度级。选择菜单栏中的 图像(I) → 调整(A) → 色调均化(Q) 命令，系统将自动对整幅图像的色调进行色调均化处理。

若要对图像的某一部分进行调整，可先创建某区域的选区，然后使用"色调均化"命令会弹出"色调均化"对话框，如图 5.3.6 所示。

图 5.3.6　"色调均化"对话框

选中 ⊙ 仅色调均化所选区域(S) 单选按钮，对图像进行处理时，仅对选区内的图像起作用。

选中 ⊙ 基于所选区域色调均化整个图像(E) 单选按钮，将以选区内图像的最亮和最暗像素为基准使整幅图像色调平均化。

单击 确定 按钮，即可对选区中的图像进行色调均化处理，效果如图 5.3.7 所示。

图 5.3.7　应用色调均化命令前后的效果对比

本 章 小 结

　　本章主要介绍了图像色彩与色调的调整，包括调整图像色彩、调整图像色调以及调整图像特殊色调等内容。通过对本章的学习，读者可以在同一图像中调配出不同颜色的效果，以制作出色彩缤纷的图像作品。

习 　 题 　 五

一、填空题

1. _____只在 RGB 颜色、CMYK 颜色模式中起作用，而在其他颜色模式中不可用。

2. 使用_____命令可以调整 HDR 图像的色调，也可以用于调整 8 位和 16 位图像。

3. 使用_____命令可以调整图像中单个颜色成分的色相、饱和度和亮度。

4. 使用_____命令适用于校正由强逆光而形成剪影的照片，或者校正由于太接近相机闪光灯而有些发白的焦点。

5. 图像特殊色调的调整命令主要包括_____、_____、_____和_____。

二、选择题

1. 利用（ 　 ）命令可将一个灰度或彩色的图像转换为高对比度的黑白图像。

　　（A）色阶　　　　　　　　　　　　（B）阈值

　　（C）色调分离　　　　　　　　　　（D）色调均化

2. 如果要将图像的颜色转换为其互补色，可以使用（ 　 ）命令。

　　（A）色相/饱和度　　　　　　　　　（B）色阶

　　（C）曲线　　　　　　　　　　　　（D）反相

3. 按（ 　 ）键，可以对图像的颜色进行反相处理。

　　（A）Ctrl+I　　　　　　　　　　　　（B）Ctrl+Shift+I

　　（C）Ctrl+T　　　　　　　　　　　　（D）Ctrl+F

三、简答题

1. 在 Photoshop CS5 中，调整图像色彩的命令主要有哪些？

2. 在处理照片时，如果照片明显偏暗或偏亮，可使用哪些命令对其进行快速调整？

四、上机操作

　　练习使用本章所学的图像色彩与色调调整命令，分别调整图像的色彩与色调，并熟练掌握各种命令的功能。

第6章 图层与蒙版的使用

图层是 Photoshop CS5 中非常重要的部分。使用图层功能，可以将一个图像中的各个部分独立出来，然后方便地对其中的任何一部分进行修改。利用图层可以创造出许多特殊效果，结合图层样式、图层不透明度以及图层混合模式，才能真正发挥 Photoshop 强大的图像处理功能。

本章要点

（1）图层面板简介。
（2）创建图层。
（3）编辑图层。
（4）图层样式。
（5）图层混合模式。
（6）图层组的使用。
（7）蒙版的使用。

6.1 图层面板简介

一个图像文件中的所有图层都会列在图层面板中，图层面板是 Photoshop 中最主要的图层管理工具，有关图层的大部分操作都可以通过该面板来完成。在默认状态下，图层面板显示在 Photoshop CS5 工作界面的右侧，如果没有显示，可选择菜单栏中的 窗口(W) → 图层 命令打开图层面板，如图 6.1.1 所示。

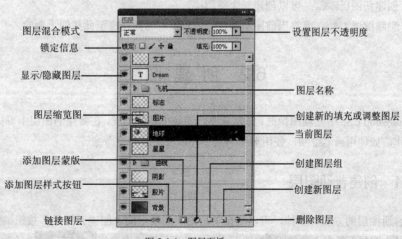

图 6.1.1 图层面板

下面对图层面板中的各选项功能进行介绍：

（1）图层名称：每个图层都要定义不同的名称，以便于区分。如果在创建图层时没有命名，

Photoshop 则会自动按"图层 1""图层 2"……，依此类推来进行命名。

（2）图层缩览图：在图层名称的左侧有一个图层缩览图。其中显示着当前图层中的图像缩览图，可以迅速辨识每一个图层。当对图层中的图像进行修改时，图层缩览图的内容也会随着改变。

（3）眼睛图标 ：此图标用于显示或隐藏图层。当图标显示为 时，此图层处于隐藏状态；图标显示为 时，此图层处于显示状态。如果图层被隐藏，对该层进行任何编辑操作都不起作用。

（4）当前图层：在图层面板中以蓝色显示的图层，表示正在编辑，因此称为当前图层。绝大部分编辑命令都只对当前图层可用。要切换当前图层时，只须单击图层名称或预览图即可。

（5） 正常 下拉列表框：从中可以选择 25 种混合模式。使用这些混合模式，可以混合所选图层中的图像与下方所有图层中的图像。

（6） 不透明度: 文本框：用于设置当前图层的整体不透明度。

（7） 填充: 文本框：用于设置图层内部的不透明度，对图层使用了类似渐变填充的工具后，在文本框中直接输入数值，可以控制渐变填充后图层的不透明度。

（8）"锁定透明像素"按钮 ：可使当前图层的透明区域一直保持透明效果。

（9）"锁定图像像素"按钮 ：可将当前图层中的图像锁定，不能进行编辑。

（10）"锁定位置"按钮 ：可锁定当前图层中的图像所在位置，使其不能移动。

（11）"全部锁定"按钮 ：可同时锁定图像的透明度、像素及位置，不能进行任何修改。

（12）面板菜单：在右上角单击 按钮，可弹出其面板菜单，从中可以选择相应的命令对图层进行操作。

另外，在图层面板下方还有 7 个工具按钮，主要用于图层的调整与修饰，各按钮的功能介绍如下：

（1）链接图层 ：表示该图层和另一个图层有链接关系。对有链接关系的图层操作时，会同时作用于链接的两个图层上。

（2）添加图层样式 fx. ：可从弹出的下拉菜单中选择一种图层样式，以应用于当前图层。

（3）图层蒙版 ：可在当前图层上创建图层蒙版。

（4）创建新的填充与调整图层 ：可从弹出的下拉菜单中选择填充图层或调整图层。

（5）创建新组 ：可以创建一个新的图层序列。

（6）创建新图层 ：可以创建一个新图层。

（7）删除图层 ：可将当前图层删除，或用鼠标将图层拖至此按钮上删除。

6.2　创　建　图　层

在 Photoshop CS5 中处理图像时，经常需要在图像中新建图层，在新建的图层中可执行 Photoshop 的多种操作，如使用画笔绘制、使用渐变工具填充以及使用滤镜命令等。

6.2.1　创建普通图层

创建普通图层的方法有多种，可以直接单击图层面板中的"创建新图层"按钮 进行创建，也可通过单击图层面板右上角的 按钮，从弹出的面板菜单中选择 新建图层... 命令，弹出"新建图层"对话框，如图 6.2.1 所示。

在 名称(N): 文本框中可输入创建新图层的名称，单击 颜色(C): 右侧的 按钮，可从弹出的下拉列表中选择图层的颜色，可在 **模式(M):** 下拉列表中选择图层的混合模式。

单击 _____ 确定 _____ 按钮，即可在图层面板中显示创建的新图层，如图 6.2.2 所示。

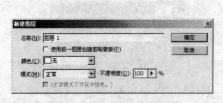

图 6.2.1　"新建图层"对话框　　　　　　　　图 6.2.2　新建图层

6.2.2　创建背景图层

如果要创建新的背景图层，可在图层面板中选择需要设定为背景图层的普通图层，然后选择菜单栏中的 **图层(L)** → **新建(N)** → **背景图层(B)...** 命令，即可将普通图层设定为背景图层。如图 6.2.3 所示为将左图中的"图层 0"设定为"背景"图层。

图 6.2.3　创建背景图层

若要对背景图层进行相应的操作，可在图层面板中的背景图层上双击鼠标，弹出"新建图层"对话框，如图 6.2.4 所示，单击 _____ 确定 _____ 按钮，则将背景图层转换为普通图层，即可对该图层进行相应的操作。

图 6.2.4　"新建图层"对话框

6.2.3　创建文本图层

文本图层就是使用文字工具创建的图层，文本图层可以单独保存在文件中，还可以反复修改与编辑。文本图层的名称默认为当前输入的文本，以便于区分，如图 6.2.5 所示

Photoshop 中的大多数功能都不能应用于文本图层，如画笔、橡皮擦、渐变、涂抹工具以及所有的滤镜、填充命令、描边命令等。

如果要在文本图层上使用这些功能，可先将文本图层转换为普通图层。选中文本图层，然后选择菜单栏中的 **图层(L)** → **栅格化(Z)** → **文字(T)** 命令，就可以将文本图层转换为普通图层。

图 6.2.5　创建文本图层

6.2.4　创建填充图层

填充图层可以在当前图层中填入一种纯色、渐变或图案。它与调整图层不同，填充图层不影响其下面的图层。

选择菜单栏中的 图层(L) → 新建填充图层(W) 命令，可弹出其子菜单，如图 6.2.6 所示，从中可以选择相应的命令对图层进行填充，以建立填充图层。具体的操作方法如下：

（1）打开一个图像文件，在图层面板底部单击"创建新图层"按钮 ，建立图层 1。

（2）使用椭圆选框工具在图像中创建选区。

（3）选择菜单栏中的 图层(L) → 新建填充图层(W) → 渐变(G)... 命令，弹出"新建图层"对话框，设置参数后，单击 确定 按钮，将弹出"渐变填充"对话框，如图 6.2.7 所示，从中选择一种渐变颜色进行填充。

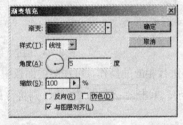

图 6.2.6　新建填充图层子菜单　　　　　　图 6.2.7　"渐变填充"对话框

（4）单击 确定 按钮，即可建立一个填充图层，如图 6.2.8 所示。

图 6.2.8　建立填充图层

从图层面板中可以看出，在新建立的填充图层中显示着一个图层蒙版与链接符号。选中图层蒙版进行编辑时，只对图层蒙版起作用，而不影响图像内容。当有链接符号时，可以同时移动图层中的图像与图层蒙版；如果没有链接符号，则只能移动其一。单击链接符号，可以显示或隐藏此链接符号。

6.2.5　创建调整图层

调整图层是一种特殊的图层，此类图层主要用于控制色调和色彩的调整。也就是说，Photoshop会将色调和色彩的设置，如色阶和曲线调整等应用功能变成一个调整图层单独存放在文件中，以便修改其设置。建立调整图层的具体操作方法如下：

（1）打开一幅如图 6.2.9 所示的图像，选择菜单栏中的 图层(L) → 新建调整图层(J) 命令，弹出其子菜单，如图 6.2.10 所示。

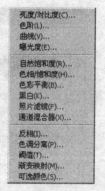

图 6.2.9　打开的图像文件　　　　　图 6.2.10　新建调整图层子菜单

（2）在此菜单中选择一个色调或色彩调整的命令。例如选择 色相/饱和度(H)... 命令，可弹出"新建图层"对话框。

（3）单击 确定 按钮，可从弹出的调整面板中设置色相和饱和度的各选项参数，调整图像后的效果如图 6.2.11 所示。

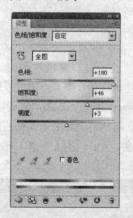

图 6.2.11　调整色彩平衡后的图像及其图层面板

创建的调整图层也会出现在当前图层之上，且名称以当前色彩或色调调整的命令来命名。在调整图层的左侧显示色调或色彩命令相关的图层缩览图；右侧显示图层蒙版缩览图，中间显示关于图层内容与蒙版是否有链接的链接符号。当出现链接符号时，表示色调或色彩调整将只对蒙版中所指定的图层区域起作用。如果没有链接符号，则表示这个调整图层将对整个图像起作用。

注意： 调整图层会影响它下面的所有图层。这意味着可通过进行单一调整来校正多个图层，而不用分别调整每个图层。

6.2.6　创建智能对象图层

智能对象图层支持多层嵌套功能和应用滤镜，并将应用的滤镜显示在智能对象图层下方。图像转换成智能对象后，将图像缩小再复原到原来大小，图像的像素不会丢失。

选择菜单栏中的 图层(L) → 智能对象 → 转换为智能对象(S) 命令，可以将图层中的单个图层、多个图层转换成一个智能对象，或将选取的普通图层与智能对象转换成一个智能对象。转换成智能对象后，图层缩略图会出现一个表示智能对象的图标，如图 6.2.12 所示。

图 6.2.12　创建智能对象图层

6.3　编　辑　图　层

在 Photoshop CS5 中创建好图层后，可以在图层面板中对创建的图层进行各种编辑操作，包括选择图层、重命名图层、复制图层、调整图层顺序以及显示和隐藏图层等，只有掌握了图层的这些编辑操作，才能设计出理想的作品。

6.3.1　选择图层

在 Photoshop CS5 中编辑图像时，如果图像中包含了多个图层，根据操作需要，用户可以同时选择多个连续或不连续的图层，并对它们进行编辑。在图层面板中单击任意一个图层，即可将其选择，被选择的图层为当前图层；选择一个图层后，按住"Shift"键单击，可同时选择多个连续的图层；选择一个图层后，按住"Ctrl"键单击，可同时选择不连续的图层；按"Alt+Ctrl+A"键，可选择所有图层，如图 6.3.1 所示。

选择单个图层　　　　　选择多个连续的图层　　　　选择多个不连续的图层　　　　选择全部图层

图 6.3.1　选择图层

6.3.2　调整图层叠放顺序

图层的叠放次序直接影响图像显示的效果，上面的图层总是遮盖其底下的图层。因此，在编辑图像时，就需要合理地调整图层之间的叠放次序，来实现图像的最终效果。

更改图层排放次序最简单的方法是，先选择要调整次序的图层，拖动它到想要放置的位置，松开鼠标即可。

另外，要将某个图层移到特定位置时，可通过选择菜单栏中的 图层(L) → 排列(A) 命令，可弹出其子菜单，如图 6.3.2 所示，从中可以选择相应的命令来进行设置。

图 6.3.2　排列子菜单

选择 置为底层(B) 命令，所选图层图像仍然只能在背景图层之上，这是由于背景图层始终位于最底部的缘故。

6.3.3　复制与删除图层

在处理图像时，有时需要对同一幅图像进行另外的编辑操作，此时就可以将该图像所在的图层进行复制，再进行编辑，这样可以节省时间，提高工作效率。对于不再需要的图层，用户可以将其删除，这样可以减小图像文件的大小，便于操作。

复制图层的方法有以下两种：

（1）用鼠标将需要复制的图层拖动到图层面板底部的"创建新图层"按钮 上，当鼠标指针变成 形状时释放鼠标，即可复制此图层。复制的图层在图层面板中会是一个带有副本字样的新图层，如图 6.3.3 所示。

（2）单击图层面板右上角的 按钮，从弹出的面板菜单中选择 复制图层(D)... 命令，弹出"复制图层"对话框，如图 6.3.4 所示，在 为(A): 文本框中输入复制图层的名称，然后单击 确定 按钮，即可复制图层。

删除图层的方法有以下 3 种：

（1）在图层面板中选择要删除的图层，单击"删除图层"按钮 ，即可将该图层删除。

（2）在图层面板中所要删除的图层上单击鼠标右键，在弹出的快捷菜单中选择 删除图层 命令，弹出如图 6.3.5 所示的提示框，单击 是(Y) 按钮，即可将该图层删除。

　　图 6.3.3　复制图层　　　　　图 6.3.4　"复制图层"对话框　　　　　图 6.3.5　提示框

（3）在图层面板中选择要删除的图层，单击图层面板右上角的 按钮，在弹出的面板菜单中选

择 删除图层 命令即可。

6.3.4　重命名图层

在 Photoshop 中，可以随时更改图层的名称，这样便于用户对单独的图层进行操作。具体的操作步骤如下：

（1）在图层面板中，用鼠标在需要重新命名的图层名称处双击，如图 6.3.6 所示。

（2）在图层名称处输入新的图层名称，如图 6.3.7 所示。

图 6.3.6　重命名图层　　　　　　　　图 6.3.7　输入新的图层名称

（3）输入完成后，用鼠标在图层面板中任意位置处单击，即可确认新输入的图层名称。

6.3.5　显示和隐藏图层

显示和隐藏图层在设计作品时经常会用到，比如，在处理一些大而复杂的图像时，可将某些不用的图层暂时隐藏，不但可以方便操作，还可以节省计算机系统资源。

要想隐藏图层，只须在图层面板中的图层列表前面单击 👁 图标即可，此时眼睛图标消失，再次单击该位置可重新显示该图层，并出现眼睛图标。

6.3.6　对齐与分布图层

选择菜单栏中的 图层(L) → 对齐(I) 命令，弹出子命令菜单，用户可以选择不同的对齐方式，使选中的多个图层或链接图层对齐。如图 6.3.8 所示为左对齐图层效果。

原图　　　　　　　　　　　　　　　　　左边对齐

图 6.3.8　应用图层的对齐效果

选择菜单栏中的 图层(L) → 分布(Q) 命令，弹出子命令菜单，用户可以选择相应的分布方式对选中的多个图层或链接图层均匀分布。如图 6.3.9 所示为左边分布图层效果。

原图　　　　　　　　　　　　　　　　　　　左边分布

图 6.3.9　应用图层的分布效果

6.3.7　链接与合并图层

　　要链接图层只需要在图层面板中选择需要链接的图层，然后再单击图层面板底部的"链接图层"按钮 ，即可将图层链接起来。在链接图层过程中，按住"Shift"键可选择连续的几个图层，按住"Ctrl"键可分别选择需要链接的图层。

　　若要合并图层，Photoshop CS5 提供了以下 3 种方式，它们都包含在 图层(L) 菜单中。

　　（1） 向下合并(E) ：可将当前图层与它下面的一个图层进行合并，而其他图层则保持不变。

　　（2） 合并可见图层(V) ：可将图层面板中所有可见的图层进行合并，而被隐藏的图层将不被合并。

　　（3） 拼合图像(F) ：可将图像窗口中所有的图层进行合并，并放弃图像中隐藏的图层。若有隐藏的图层，在使用该命令时会弹出一个提示框，提示用户是否要放弃隐藏的图层，用户可以根据需要单击相应的按钮。若单击 确定 按钮，合并后将会丢掉隐藏图层中的内容；若单击 取消 按钮，可取消合并操作。

> **技巧**：按"Ctrl+E"键，即可合并图层面板中的链接图层；按"Shift+Ctrl+E"键，即可合并图层面板中所有的可见图层。

6.4　图　层　样　式

　　图层样式就是应用于图层的一些特殊修饰效果，图层样式是 Photoshop CS5 中最具魅力的功能，包括投影、外发光、内发光及斜面和浮雕等，使用这些样式可以得到一些特殊的图像效果。图层样式不能应用于背景图层与图层组中。

6.4.1　设置混合选项

　　混合模式用于确定图层样式与下层图层（可以包括也可以不包括当前图层）的混合方式，在大多数情况下，每种效果的默认模式都会产生最佳效果。

　　选择菜单栏中的 图层(L) → 图层样式(Y) 命令，或使用鼠标双击普通图层即可弹出"图层样式"对话框，如图 6.4.1 所示。

　　用户可以在 常规混合 选项区中设置图层样式的混合模式和不透明度，在 高级混合 选项区中设置复杂混合效果，在 混合颜色带(E): 选项区中设置图像某一通道的混合范围。

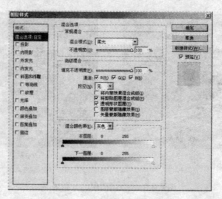

图 6.4.1　"图层样式"对话框

6.4.2　设置阴影选项

用户可以在"图层样式"对话框中选中 ☑投影 复选框和 ☑内阴影 复选框，在对应的参数设置区中分别设置图层的投影效果和内阴影效果，如图 6.4.2 所示。

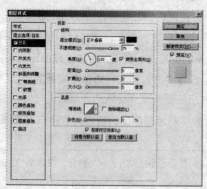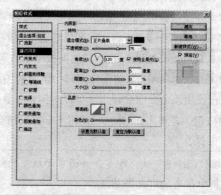

图 6.4.2　"投影"和"内阴影"选项参数

"投影"和"内阴影"参数设置区中的选项基本相同，各选项含义如下：

（1）混合模式(B)：该选项用于确定图层样式的混合方式，用户可根据不同的效果需要设置混合模式选项，其右边的色块■■用于设置投影的颜色或内阴影的颜色。

（2）不透明度(O)：该选项用于设置投影效果或内阴影效果的不透明度。

（3）角度(A)：该选项用于确定效果应用于图层时所采用的光照角度，可以在图像窗口中拖动鼠标以调整投影或内阴影效果的角度。选中 ☑ 使用全局光(G) 复选框即可为该效果打开全部光源，取消选中该复选框，可对投影或内阴影效果指定局部角度。

（4）在 距离(D)：文本框中输入数值可确定内阴影或投影效果的偏移距离，也可以拖动其右侧的滑块指定偏移距离。

（5）在 扩展(R)：文本框中输入数值可确定进行处理前对该效果的模糊程度。

（6）在 阻塞(C)：文本框中输入数值确定内发光的收缩量。

（7）在 大小(S)：文本框中输入数值可确定内阴影或投影效果的大小。

（8）等高线：该选项用于增加不透明度的变化。单击其右侧的下拉按钮，弹出等高线下拉列表，用户可以针对不同的图像选择相应的等高线调整图像。

（9）☑ 消除锯齿(L)：选中该复选框表示混合等高线或光泽等高线的边缘像素，此选项对尺寸大小且具有复杂等高线的阴影最有用。

（10）在 杂色(N)：文本框中输入数值可确定发光或阴影的不透明度中随机元素的数量。

（11）☑ 图层挖空投影(U)：选中该复选框用于控制半透明图层中投影的可视性。

对图层中的内容分别使用投影和内阴影，效果如图 6.4.3 所示。

投影效果　　　　　　　　　　　　　　内阴影效果

图 6.4.3　设置阴影效果

6.4.3　设置发光选项

用户可以在"图层样式"对话框中选中☑ 外发光 复选框和☑ 内发光 复选框，在对应的参数设置区中分别设置图层的内发光效果和外发光效果，如图 6.4.4 所示。

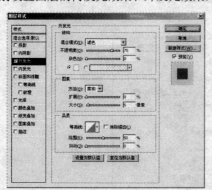　　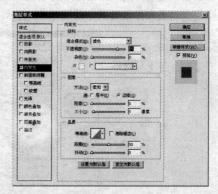

图 6.4.4　"外发光"和"内发光"选项参数

发光效果各选项含义如下：

（1）选中 ⊙□ 单选按钮，用于设置发光颜色，用户可以根据需要调整颜色。

（2）图素：该选项区用于设置发光的颜色在图层蒙版中的效果。该选项区包括 3 个选项：方法、阻塞和大小。

　　1）方法(Q)：该选项用于设置发光的方式，单击其右侧的下拉按钮▾弹出下拉列表，其中包含两个选项：柔和与精确。

在"内发光"参数设置区中，源：选项用于确定内发光的光源，选中 ⊙ 居中(E) 单选按扭可应用从图层的中心发出的光；选中 ⊙ 边缘(G) 单选按钮可应用从图层的内部边缘发出的光。

　　2）在 阻塞(C)：文本框中输入数值确定内发光的收缩量；在"外发光"参数设置区中，在 扩展(P)：文本框中输入数值确定外发光的扩展量。

3）在 **大小(S)**: 文本框中输入数值确定发光效果的大小。

（3）**品质**: 该选项区用于调整发光的效果，该选项区包括等高线、范围和抖动 3 个选项。

1）**等高线**: 该选项用于设置颜色或不明透度的变化。

2）**范围(R)**: 该选项用于控制在图像中应用发光等高线的范围。

3）**抖动(J)**: 该选项用于改变渐变的颜色和不透明度的应用。

对图层中的内容使用外发光和内发光，效果如图 6.4.5 所示。

外发光效果　　　　　　　　　　　　　内发光效果

图 6.4.5　设置发光效果

6.4.4　设置斜面和浮雕选项

用户可以在"图层样式"对话框中选中 ☑斜面和浮雕 复选框，在对应的"斜面和浮雕"参数设置区中设置图层的斜面和浮雕效果，如图 6.4.6 所示。

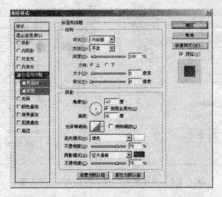

图 6.4.6　"斜面和浮雕"选项参数

该对话框中各选项含义如下：

（1）**结构**: 该选项区用于设置斜面和浮雕效果的结构。其中包含 6 个选项。

1）**样式(T)**: 该选项用于确定斜面样式，单击其右侧的下拉按钮 ▼，弹出其下拉列表，在该列表中包括 5 个选项，分别是内斜面、外斜面、浮雕效果、枕状浮雕和描边浮雕。内斜面用于在图层内容的内边缘上创建斜面；外斜面用于在图层内容的外边缘上创建斜面；浮雕效果模拟使图层内容相对于下层图层呈现浮雕状的效果；枕状浮雕模拟将图层内容的边缘压入下层图层中的效果；描边浮雕将浮雕限于应用于图层的描边效果的边界（如果未将任何描边应用于图层，则描边浮雕效果不可见）。

2）**方法(Q)**: 该选项用于设置斜面和浮雕的应用方法。单击其右侧的下拉按钮 ▼，弹出其下拉列表，在该列表中包括 3 种方法：平滑、雕刻清晰和雕刻柔和。平滑可稍微模糊杂边的边缘，并且可用于所有类型的杂边，不论其边缘是柔和还是生硬；雕刻清晰主要用于消除锯齿形状的硬边杂边；雕刻柔和主要用于修改距离测量技术，虽然不如雕刻清晰精确，但对较大范围内的杂边更有用。

3）深度(D)：该选项用于设置斜面的深度。

4）方向：该选项用于设置斜面和浮雕的效果是从上面还是从下面产生。

5）大小(Z)：该选项用于设置斜面和浮雕效果的大小。

6）软化(F)：该选项用于设置模糊阴影效果，并可减少多余的人工痕迹。

（2）阴影：该选项区用于设置斜面和浮雕效果中的阴影效果，该选项区包括 7 个选项。

1）角度(N)：和 高度：该选项区用于确定效果应用于图层时所采用的光照角度及高度，可以在图像窗口中拖动鼠标进行设置。

2）光泽等高线：该选项用于创建有光泽的金属外观，它在为斜面或浮雕加上阴影效果后应用，允许勾画在浮雕处理中被遮住的起伏、凹陷和凸起。

3）高光模式(H)：该选项用于设置斜面或浮雕效果高光的混合模式。

4）不透明度(O)：该选项用于设置高光的不透明度。

5）阴影模式(A)：该选项用于设置斜面或浮雕效果阴影的混合模式。

6）不透明度(C)：该选项用于设置阴影的不透明度。

7）选中 ☑ 消除锯齿(L) 复选框可用于消除斜面和浮雕效果中的锯齿。

对图层中的内容使用斜面和浮雕效果，如图 6.4.7 所示。

内斜面效果　　　　　　　　　　　　　　　外斜面效果

浮雕效果　　　　　　　　　　　　　　　枕状浮雕效果

图 6.4.7　斜面和浮雕效果

6.4.5　设置叠加选项

用户可以在"图层样式"对话框中分别选中 ☑颜色叠加 复选框、☑渐变叠加 复选框和 ☑图案叠加 复选框，在对应的参数设置区中设置图层的颜色叠加、渐变叠加和图案叠加效果，如图 6.4.8、图 6.4.9

和图 6.4.10 所示。

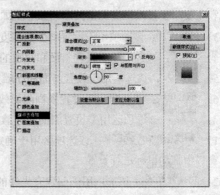

图 6.4.8　"颜色叠加"参数设置区　　　　　图 6.4.9　"渐变叠加"参数设置区

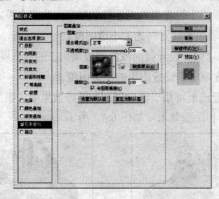

图 6.4.10　"图案叠加"参数设置区

1. 颜色叠加

"颜色叠加"参数设置区中只包含 颜色 选项区，该选项区用于设置颜色叠加效果，其中包含两个选项：

（1） 混合模式(B)：该选项用于设置颜色的混合模式，用户可以单击其右侧的色块 ▇ 选择颜色。

（2） 不透明度(O)：该选项用于设置颜色的不透明度。

2. 渐变叠加

"渐变叠加"参数设置区中只包含 渐变 选项区，该选项区用于设置渐变叠加效果，其中包含 4 个选项：

（1） 混合模式(O)：该选项用于设置渐变叠加效果的混合模式。

（2） 渐变：该选项用于设置渐变叠加的效果，单击其右侧的渐变条可以选择不同的渐变为图层添加渐变叠加效果。选中 ☑ 反向(R) 复选框，可以使渐变条中的色彩内容反向。

（3） 样式(L)：该选项用于设置渐变形状，单击其右侧的下拉按钮 ▾，可以从弹出的下拉列表中选择渐变方式。

（4） 缩放(S)：该选项用于设置渐变叠加的缩放，数值越大，渐变效果越明显。

3. 图案叠加

在"图案叠加"参数设置区中单击 图案：右侧的下拉按钮 ▾，从弹出的图案下拉列表中选择需要的图案，即可为图层添加图案叠加效果。为图层中的内容添加 3 种叠加效果，如图 6.4.11 所示。

原图   颜色叠加效果

渐变叠加效果   图案叠加效果

图 6.4.11 叠加效果

6.4.6 设置光泽和描边选项

用户可以在"图层样式"对话框中选中 ☑光泽复选框和 ☑描边复选框，在对应的参数设置区中设置图层的光泽和描边效果，如图 6.4.12 所示。

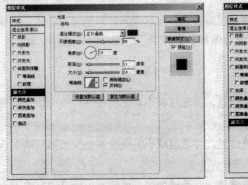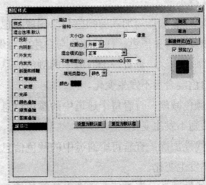

图 6.4.12 "光泽"参数设置区和"描边"参数设置区

在"光泽"设置区中设置不同的参数可得到不同的光泽效果，设置方法与前面几种样式基本相同，不再赘述。

在"描边"参数设置区中， 位置(P): 选项用于设置对图层的描边是居中、居内还是居外，单击 填充类型(E): 右侧的下拉按钮 ，弹出下拉列表，在该下拉列表中包括 3 个选项：颜色、渐变和图案，用户可根据需要选择相应的填充内容。

对图层中的内容添加光泽和描边效果，如图 6.4.13 所示。

图 6.4.13　光泽和描边效果

6.5　图层混合模式

在图层面板中单击 正常 下拉列表按钮，可弹出如图 6.5.1 所示的下拉列表，从中选择不同的选项可以将当前图层设置为不同的模式，其图层中的图像效果也随之改变。其下拉列表中各混合模式的含义介绍如下：

（1）正常：该模式为默认模式，其作用为编辑图像中的像素，使其完全替代原图像的像素。

（2）溶解：编辑图像中的像素，使其完全替代原图像的像素，但每个被混合的点被随机地选取为底色或填充色。

（3）变暗：查看每个通道中的颜色信息，并选择基色或混合色中较暗的颜色作为结果色。比混合色亮的像素被替换，而比混合色暗的像素保持不变。

（4）变亮：查看每个通道中的颜色信息，并选择基色或混合色中较亮的颜色作为结果色。比混合色暗的像素被替换，而比混合色亮的像素保持不变。

图 6.5.1　图层混合模式下拉列表

（5）正片叠底：新加入的颜色与原图像颜色混合成为比原来两种颜色更深的第三种颜色。任何颜色与黑色复合产生黑色；任何颜色与白色混合保持不变。

（6）颜色加深：查看每个通道中的颜色信息，并通过增加对比度使基色变暗以反映混合色。任何颜色与白色混合后不发生变化。

（7）颜色减淡：查看每个通道中的颜色信息，并通过减小对比度使基色变亮以反映混合色，与黑色混合后则不发生变化。

（8）线性加深：查看每个通道中的颜色信息，并通过减小亮度使基色变暗以反映混合色，与白色混合后不发生变化。

（9）线性减淡：查看每个通道中的颜色信息，并通过增加亮度使基色变亮以反映混合色，与黑色混合后则不发生变化。

（10）滤色：查看每个通道的颜色信息，并将混合色的互补色与基色复合，结果色总是较亮的颜色。在该模式中，可以完全去除图像中的黑色。

（11）叠加：加强原图像的高亮区和阴影区，同时将前景色叠加到原图像中。

（12）柔光：根据前景色的灰度值对原图像进行变暗或变亮处理。如果前景色灰度值大于 50%，则对图像进行浅色叠加处理；如果前景色灰度值小于 50%，对图像进行暗色相乘处理。因此，如果原图像是纯白色或纯黑色，则会产生明显的较暗或较亮区域，但不会产生纯黑色或纯白色。

　　（13）强光：复合或过滤颜色，具体取决于混合色。如果混合色的灰度值大于 50%，则图像变亮，就像过滤后的效果，这对于向图像添加高光效果非常有用；如果混合色的灰度值小于 50%，则图像变暗，就像复合后的效果，这对于向图像添加阴影效果非常有用。

　　（14）亮光：通过增加或减小对比度加深或减淡图像的颜色，具体取决于混合色。如果混合色灰度值大于 50%，则通过减小对比度使图像变亮；如果混合色灰度值小于 50%，则通过增加对比度使图像变暗。

　　（15）线性光：通过减小或增加亮度来加深或减淡颜色，具体取决于混合色。如果混合色灰度值大于 50%，则通过增加亮度使图像变亮；如果混合色灰度值小于 50%，则通过减小亮度使图像变暗。

　　（16）点光：根据混合色替换颜色。如果混合色灰度值大于 50%，则替换比混合色暗的像素而不改变比混合色亮的像素；如果混合色灰度值小于 50%，则替换比混合色亮的像素而不改变比混合色暗的像素，这对于向图像添加特殊效果非常有用。

　　（17）差值：查看每个通道中的颜色信息，并从基色中减去混合色，或从混合色中减去基色，具体取决于哪一个通道中颜色的亮度值更大。与白色混合将反转基色值；与黑色混合则不产生变化。

　　（18）排除：创建一种与"差值"模式相似但其效果更柔和的图像效果。与白色混合将反转基色值，与黑色混合则不发生变化。

　　（19）色相：用基色的亮度和饱和度以及混合色的色相创建结果色。

　　（20）饱和度：用基色的亮度和色相以及混合色的饱和度创建结果色。

　　（21）颜色：用基色的亮度以及混合色的色相和饱和度创建结果色。

　　（22）明度：用基色的色相和饱和度以及混合色的亮度创建结果色。

　　如图 6.5.2 所示为两图层应用几种不同混合模式的效果对比。

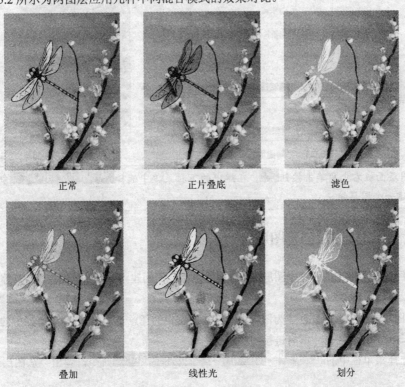

图 6.5.2　几种不同混合模式下的图像效果

6.6　图层组的使用

图层组就是将多个层归为一个组，这个组可以在不需要操作时折叠起来，无论组中有多少图层，折叠后只占用相当于一个图层的空间，并方便管理图层。

图层分组编辑的作用如下：

（1）可以同时对多个相关的图层做相同的操作。例如，移动一个图层组时，组中的所有图层都会做相同的移动。

（2）对图层组设置混合模式，可以改变整个图像的混合效果。

（3）可以将图层归类，使对图层的管理更加有序，并且可以通过折叠图层组节约图层面板的空间。

6.6.1　创建图层组

要创建一个图层组，可在图层面板底部单击"创建新组"按钮 ，即可在当前图层上方建立一个图层组。也可以选择菜单栏中的 图层(L) → 新建(N) → 组(G)... 命令，弹出"新建组"对话框，如图 6.6.1 所示。

在 名称(N): 输入框中可设置图层组的名称。如果不设置，系统以默认的组 1、组 2 等命名。

单击 确定 按钮，即可在图层面板中生成一个新组 1，如图 6.6.2 所示。

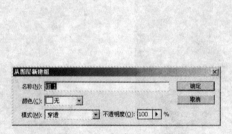

　　　　图 6.6.1　"新建组"对话框　　　　　　　　图 6.6.2　创建图层组

提示： 在图层面板右上角单击按钮 ，在弹出的下拉菜单中选择 从图层新建组(A)... 命令，也可以
　　　　创建一个图层组。

6.6.2　由链接图层创建图层组

对于已经建立了链接的若干个图层，可以快速地将它们创建为一个新的图层组。具体的操作方法如下：

（1）在图层面板中选中要创建为图层组的链接图层中的任意一个，再选择菜单栏中的 图层(L) → 选择链接图层(S) 命令，可选中所有链接图层。

（2）选择菜单栏中的 图层(L) → 新建(N) → 从图层建立组(A)... 命令，弹出"从图层新建组"对话框。

（3）在 名称(N): 输入框中输入图层组的名称，单击 确定 按钮，即可创建一个新的图层组，该图层组中包括了所有链接图层。

6.6.3　删除图层组

对于不需要的图层组，可以将其删除。具体的操作方法如下：

（1）在图层面板中选择要删除的图层组，单击面板底部的"删除图层"按钮 🗑，可弹出如图 6.6.3 所示的提示框。

图 6.6.3　提示框

（2）单击 组和内容(G) 按钮可将图层组和其中包括的所有图层从图像中删除；单击 仅组(O) 按钮可将图层组删除，但将其中包括的所有图层退出到组外。

6.7　蒙版的使用

在 Photoshop CS5 中，正确地使用蒙版是软件操作中的一个重要基本功。蒙版主要用于保护、显示或者隐藏图像，其实质是将原图层的画面进行适当的遮盖，从而显示出设计者需要的部分，即当要对一个图像的某个特定区域进行调整，例如改变图像某个区域的颜色，对某个区域应用特殊效果控制时，用蒙版可以隔离并保护图像的其余部分。

6.7.1　快速蒙版

快速蒙版可以将任何选区作为蒙版进行编辑和查看图像，而无须使用通道。打开一个图像文件，单击工具箱中的"以快速蒙版模式编辑"按钮 ⬚，或按"Q"键即可在图像中创建一个蒙版，如图 6.7.1 所示。

原来选区外的部分被某种颜色覆盖并保护起来（在默认的情况下是不透明度为 50% 的红色），而选区内的部分仍保持原来的颜色。这时可以对蒙版进行扩大、缩小操作。在通道面板的最下方将出现一个"快速蒙版"通道，如图 6.7.2 所示。

图 6.7.1　创建快速蒙版　　　　　　　　　　图 6.7.2　"快速蒙版"通道

在如图 6.7.2 所示的通道面板中可以看出，有一个新生成的快速蒙版通道，其中的白色部分代表建立的选区，是非保护区域，黑色区域为被保护的区域。用户可对这个白色区域随意进行修改，而不必担心会影响到黑色区域。

6.7.2　图层蒙版

图层蒙版是应用最为广泛的蒙版，将它覆盖在某一个特定的图层或图层组上，可任意发挥想象力和创造力，而不会影响图层中的像素。

下面通过一个具体的实例来介绍蒙版的功能与应用。

（1）打开两幅需要融合的图片 1 与图片 2 文件，如图 6.7.3 所示。

图片 1　　　　　　　　　　　图片 2

图 6.7.3　打开的图像文件

（2）使用移动工具将图片 1 移至图片 2 中，可生成图层 1，将其调整到适当位置，此时图层面板显示如图 6.7.4 所示。

（3）将图层 1 作为当前可编辑图层，单击图层面板底部的"添加图层蒙版"按钮 ，可为图层 1 添加蒙版，如图 6.7.5 所示。

图 6.7.4　图层面板　　　　　　　　　图 6.7.5　添加图层蒙版

（4）设置前景色为黑色，单击工具箱中的"画笔工具"按钮 ，在图片 1 的白色背景上进行涂抹，显示出图层 2 中的图像，效果如图 6.7.6 所示。

图 6.7.6　使用图层蒙版效果

6.7.3　矢量蒙版

矢量蒙版是通过钢笔工具或形状工具创建的路径来遮罩图像的,它与分辨率无关,因此在进行缩放时可保持对象边缘光滑无锯齿。

下面通过一个具体的实例来介绍矢量蒙版的功能与应用。

(1) 打开两幅需要融合的图片 1 与图片 2 文件,如图 6.7.7 所示。

图片 1　　　　　　　　　　　　图片 2

图 6.7.7　打开的图像文件

(2) 使用移动工具将图片 1 移至图片 2 中,可生成图层 1,然后使用钢笔工具 ✐ 在图像中绘制如图 6.7.8 所示的路径。

(3) 选择菜单栏中的 图层(L) → 矢量蒙版(V) 命令,可弹出如图 6.7.9 所示的子菜单。

图 6.7.8　绘制路径　　　　　　　　　图 6.7.9　矢量蒙版子菜单

提示: 选择 显示全部(R) 命令,可为当前图层添加白色矢量蒙版,白色矢量蒙版不会遮罩图像;选择 隐藏全部(H) 命令,可为当前图层添加黑色矢量蒙版,黑色矢量蒙版将遮罩当前图层中的图像;选择 当前路径(U) 命令,可基于当前的路径创建矢量蒙版。

(4) 在弹出的矢量蒙版子菜单中选择 当前路径(U) 命令,可创建矢量蒙版,效果如图 6.7.10 所示。

图 6.7.10　使用矢量蒙版效果

提示： 创建矢量蒙版后，可通过锚点编辑工具修改路径的形状，从而修改蒙版的遮罩区域，若要取消矢量蒙版，可选择 图层(L) → 矢量蒙版(V) → 删除(D) 命令进行删除。

6.7.4　剪贴蒙版

创建剪贴蒙版的具体操作方法如下：

（1）打开 3 幅图像文件，并将其置于一个图像文件中，使用移动工具选择需要创建剪贴蒙版的图层，此处选择图层 2，如图 6.7.11 所示。

图 6.7.11　原图及选择的图层

（2）选择菜单栏中的 图层(L) → 创建剪贴蒙版(C) 命令，或按 "Alt+Ctrl+G" 键，即可将选择的图层与下面的图层创建一个剪贴蒙版，如图 6.7.12 所示。

图 6.7.12　创建的剪贴蒙版及图层面板的变化

在剪贴蒙版中，上面的图层为内容图层，内容图层的缩览图是缩进的，并显示出一个剪贴蒙版图标 ，下面的图层为基底图层，基底图层的名称带有下画线，移动基底图层会改变内容图层的显示区域，如图 6.7.13 所示。

图 6.7.13　移动基底图层效果

提示：若要取消剪贴蒙版，只须选择菜单栏中的 图层(L) → 释放剪贴蒙版(C) 命令，或按"Ctrl+Alt+G"
键，即可取消剪贴蒙版。

本 章 小 结

本章主要介绍了图层与蒙版的使用方法，主要包括图层面板简介、创建图层、编辑图层、图层样
式、图层混合模式、图层组的使用以及蒙版的使用。通过本章的学习，读者应熟练使用图层和蒙版对
图像中不同部分进行处理，以创作出更加完美、优秀的图像作品。

习 题 六

一、填空题

1. 一个图像文件中的所有图层都会列在_____中，它是 Photoshop CS5 中最主要的图层管
理工具。

2. _____图层是一种不透明的图层，该图层不能进行混合模式与不透明度的设置。

3. 在图层面板中，眼睛图标 👁 可用于_____或_____图层。

4. _____模式就是将两个图层的色彩叠加在一起，从而生成叠底效果。

5. 按住_____键单击，可同时选择多个连续的图层；选择一个图层后，按住_____键
单击，可同时选择不连续的图层。

6. _____主要用于保护、显示或者隐藏图像，其实质是将原图层的画面进行适当的遮盖，
从而显示出设计者需要的部分。

二、选择题

1. 在 Photoshop CS5 中，按（ ）键可以快速打开图层面板。

    （A）F7   （B）F5

    （C）F6   （D）F4

2. （ ）图层是图层中最基本也是最常用的图层形态，在该图层上，用户可以对图像进行任意的
编辑操作。

    （A）普通   （B）背景

    （C）文字   （D）调整

3. 如果要将多个图层进行统一的移动、旋转等操作，可以使用（ ）功能。

    （A）复制图层   （B）创建图层

    （C）删除图层   （D）链接或合并图层

4. 图层中含有 标志时，表示该图层处于（ ）状态。

    （A）可见   （B）链接

（C）隐藏　　　　　　　　　　（D）选择

5．（　）蒙版是通过钢笔工具或形状工具创建的路径来遮罩图像的，它与分辨率无关，因此在进行缩放时可保持对象边缘光滑无锯齿。

（A）快速　　　　　　　　　　（B）图层
（C）矢量　　　　　　　　　　（D）剪贴

三、简答题

1．简述 Photoshop CS5 中图层的类型。

2．简述添加图层样式的方法。

3．如何创建和编辑智能对象？

四、上机操作

1．打开一幅具有多个图层的图像，调整各图层的顺序，并设置图层的混合模式。

2．练习使用本章所学的知识，制作出如题图 6.1 所示的浮雕效果。

题图　6.1

第 7 章 通道的使用

在 Photoshop CS5 中，通道主要用来记录选区，选择一个复杂的选取后，在通道上建立新的通道层，选区的信息就立刻记录在新的通道中，通道实际上可以理解为是选择区域的映射。

本章要点

（1）通道简介。
（2）创建通道。
（3）编辑通道。
（4）合成通道。

7.1 通 道 简 介

Photoshop CS5 中的图像都有一个或多个通道，在每个通道中都存储了关于图像色素的信息，即可以利用通道存储不同类型的灰度图像信息，图像中的默认颜色通道数取决于图像的颜色模式。除默认颜色通道外，也可以将 Alpha 通道添加到图像中，以便将选区作为蒙版存储和编辑，并且可以添加专色通道为印刷添加专色印版。

7.1.1 通道面板

用户可通过通道面板来显示通道和对通道进行一些基本的编辑操作，例如创建新通道、复制通道、删除通道、分离和合并通道等。在默认的状态下，通道面板显示在工作界面的最右侧，如果没有显示，可以选择菜单栏中的 窗口(W) → 通道 命令打开通道面板，如图 7.1.1 所示。

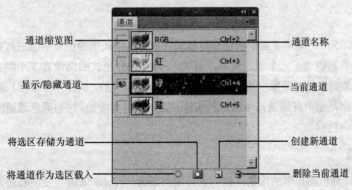

图 7.1.1 通道面板

下面主要介绍通道面板的各个组成部分及其功能：

　　 ：单击此按钮，可以将通道作为选区载入到图像中，也可以按住"Ctrl"键在面板中单击需要载入选区的通道来载入通道选区。

　　　　：单击此按钮，可将当前的选区存储为通道，存储后的通道将显示在通道面板中。

　　　　：单击此按钮，可创建新的通道，如果在按住"Alt"键的同时单击该按钮，则可以在弹出的对话框中设置新建通道的参数；如果在按住"Ctrl"键的同时单击该按钮，则可以创建新的专色通道。

　　　　：单击此按钮，可删除当前所选的通道。

　　　　：此眼睛图标表示当前通道是否可见。隐藏该图标，表示该通道为不可见状态；显示该图标，则表示该通道为可见状态。

　　单击通道面板右上角的 按钮，可弹出如图 7.1.2 所示的通道面板菜单，其中包含了有关对通道的操作命令。此外，用户可以选择通道面板菜单中的 面板选项... 命令，在弹出的"通道调板选项"对话框（见图 7.1.3）中调整每个通道缩览图的大小。

图 7.1.2　通道面板菜单　　　　　　　　图 7.1.3　"通道调板选项"对话框

7.1.2　通道的类型

　　通道作为图像的组成部分，是与图像的格式密不可分的，图像颜色、格式的不同决定了通道的数量和模式，在通道面板中可以直观的看到在 Photoshop 中涉及的通道主要有 5 种类型，即颜色通道、Alpha 通道、专色通道、单色通道和复合通道。

1．颜色通道

　　在 Photoshop CS5 中，图像像素点的色彩是通过各种色彩模式中的色彩信息进行描述的，所有的像素点包含的色彩信息组成了一个颜色通道。例如，一幅 RGB 模式的图像有 3 个颜色通道，其中 R（红色）通道中的像素点是由图像中所有像素点的红色信息组成的，同样 G（绿色）通道和 B（蓝色）通道中的像素点分别是由所有像素点中的绿色信息和蓝色信息组成的。这些颜色通道的不同信息搭配组成了图像中的不同色彩。

2．Alpha 通道

　　Alpha 通道是计算机图形学的术语，指的是特别的通道。Alpha 通道与图层看起来相似，但区别却非常大。Alpha 通道可以随意地增减，这一点类似于图层，但 Alpha 通道不是用来存储图像而是用来保存选区的。在 Alpha 通道中，黑色表示非选区，白色表示选区，不同层次的灰度则表示该区域被选取的百分比。

3．专色通道

专色通道可以使用除了青、黄、品红、黑以外的颜色来绘制图像。它主要用于辅助印刷，是用一种特殊的混合油墨来代替或补充印刷色的预混合油墨，每种专色在复印时都要求有专用的印版，使用专色油墨叠印通常要比四色叠印更平整，颜色更鲜艳。如果在 Photoshop CS5 中要将专色应用于特定的区域，则必须使用专色通道，它能够用来预览或增加图像中的专色。

4．单色通道

单色通道的产生比较特别，也可以说是非正常的。例如，在通道面板中随便删除其中一个通道，就会发现所有的通道都变成"黑白"的，原有的彩色通道即使不删除，也变成了灰度的。

5．复合通道

复合通道不包含任何信息，实际上它只是能同时预览并编辑所有颜色通道的一种快捷方式。它通常被用来在单独编辑完一个或多个颜色通道后使通道面板返回到默认状态。对于不同模式的图像，其通道的数量是不一样的。在 Photoshop CS5 中，通道涉及 3 种模式，对于 RGB 模式的图像，有 RGB、红、绿、蓝共 4 个通道；对于 CMYK 模式的图像，有 CMYK、青色、洋红、黄色、黑色共 5 个通道；对于 Lab 模式的图像，有 Lab、明度、a、b 共 4 个通道。

7.1.3　通道的功能

用户可以在不同的通道中处理图像以实现特定效果，因此，通道的主要功能如下：

（1）可建立精确的选区。运用蒙板和选区或滤镜功能可建立毛发白色区域代表选择区域的部分。

（2）可以存储选区和载入选区备用。

（3）可以制作其他软件（比如 Illustrator、Pagemarker）需要导入的透明背景图片。

（4）可以看到精确的图像颜色信息，有利于调整图像颜色。

（5）印刷出版方便传输、制版。CMYK 色的图像文件可以把其 4 个通道拆开分别保存成 4 个黑白文件，然后同时打开它们，按 CMYK 的顺序再放到通道中，此时又恢复了 CMYK 色彩的原文件。

7.2　创　建　通　道

在 Photoshop CS5 中，除了系统默认的通道外，还可以根据需要创建各种通道。下面对其进行具体介绍。

7.2.1　创建 Alpha 通道

要创建 Alpha 通道，其具体的操作步骤如下：

（1）在通道面板中的右侧单击 ▤ 按钮，可弹出其面板菜单，从中选择 新建通道... 命令，弹出"新建通道"对话框，如图 7.2.1 所示。

（2）在此对话框中可以设置通道的名称、颜色以及不透明度等参数。在 色彩指示: 选项区中可设置新建通道的颜色显示方式。如果选中 ⊙ 被蒙版区域(M) 单选按钮，则新建通道中有颜色的区域代表被遮盖的区域，没有颜色的区域代表选区；选中 ○ 所选区域(S) 单选按钮，则与之相反。

（3）单击 确定 按钮，即可在通道面板中新建 Alpha 1 通道，如图 7.2.2 所示。

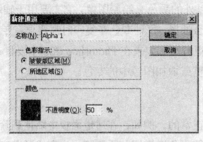

图 7.2.1 "新建通道"对话框　　　　图 7.2.2 新建的 Alpha 通道

7.2.2 创建专色通道

要创建专色通道，其具体的操作步骤如下：

（1）单击通道面板右侧的 按钮，可弹出其面板菜单，从中选择 新建专色通道… 命令，弹出"新建专色通道"对话框，如图 7.2.3 所示。

（2）在 颜色: 右侧单击颜色框，弹出"拾色器"对话框，从中选择一种新的颜色，单击 确定 按钮，即可为图像新建一个专色通道，如图 7.2.4 所示。

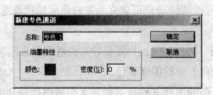

图 7.2.3 "新建专色通道"对话框　　　　图 7.2.4 新建专色通道

7.2.3 将 Alpha 通道转换为专色通道

Alpha 通道可以转换成专色通道，具体的操作步骤如下：

（1）在 Alpha 通道上双击，可弹出如图 7.2.5 所示的"通道选项"对话框。

（2）在 色彩指示: 选项区中选中 ⊙ 专色(P) 单选按钮，单击 确定 按钮，Alpha 通道即会转换成专色通道，如图 7.2.6 所示。

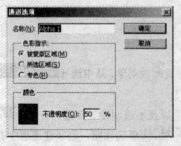

图 7.2.5 "通道选项"对话框　　　　图 7.2.6 新建的专色通道

7.3 编 辑 通 道

在处理图像的过程中，有时需要对通道进行编辑操作，如通道的复制、删除、分离以及合并等，下面分别进行介绍。

7.3.1 复制通道

用户在进行图像处理时，有时要对某一颜色通道进行多种处理，以获得不同的效果，或者把一个图像的通道应用到另外的图像中去，此时就需要进行通道的复制。复制通道时不仅可以在同一图像内复制，还可在不同的图像之间复制。具体的复制方法有以下两种：

（1）选中要复制的通道，单击鼠标左键将它拖动到通道面板底部的"创建新的通道"按钮 ↵ 上，即可进行复制。

（2）单击图层面板右上角的 ≡ 按钮，在弹出的下拉菜单中选择 复制通道... 命令，弹出"复制通道"对话框，如图 7.3.1 所示，在其中进行适当的设置后单击 确定 按钮即可。

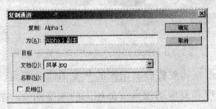

图 7.3.1 "复制通道"对话框

> **提示：** 在 文档(D): 下拉列表框中，只能显示与当前文件分辨率和尺寸相同的文件。此外，主通道的内容不能复制。

7.3.3 删除通道

对于使用完的通道，应该及时删除，以减少系统资源的使用，提高运行速度。具体的删除方法有以下 3 种：

（1）选中要删除的通道，单击鼠标左键将其拖动到通道面板底部的"删除通道"按钮 🗑 上，即可删除。

（2）选中要删除的通道，单击通道面板右上角的 ≡ 按钮，在弹出的下拉菜单中选择 删除通道 命令，即可删除。

（3）选中要删除的通道，用鼠标单击通道面板底部的"删除通道"按钮 🗑 ，可弹出提示框，如图 7.3.2 所示，询问用户是否删除该通道，若单击 是(Y) 按钮，可删除通道；若单击 否(N) 按钮，则不会删除通道。

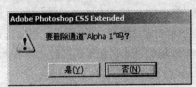

图 7.3.2 "删除通道"提示框

7.3.4　分离通道

利用通道面板中的 分离通道 命令（使用此命令之前，用户必须将图像中的所有图层合并，否则，此命令不可以使用）可以将图像的每个通道分离成灰度图像，以保留单个通道信息，每个图像可独立地进行编辑和存储。例如，对一个 RGB 模式的图像分离通道后，将分离为 3 个大小一样的单独灰度文件。这 3 个灰度文件会以源文件名加上红、绿和蓝来命名，表示其代表的那一个颜色通道，如图 7.3.3 所示。

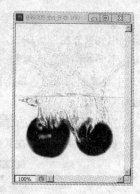

图 7.3.3　RGB 图像分离后的 3 个通道文件

分离通道后，用户还可以根据需要将分离出来的灰度图像合成为一幅混合图像，甚至可用来合并不同的图像，但它们必须是宽度和高度的像素值都相同的灰度图像。在合并通道时，用户打开的灰度图像的数量决定合并通道时所用的色彩模式。例如，不能将从 RGB 图像中分离出来的通道合并成 CMYK 图像等。

7.3.5　合并通道

合并通道是将分离后并调整完毕的图像合并，单击通道面板右上角的 按钮，在弹出的下拉菜单中选择 合并通道... 命令，可弹出"合并通道"对话框，在其中用户可以定义合并的通道数及所要采用的颜色模式，在此选择"Lab 颜色"，如图 7.3.4 所示。

单击 确定 按钮后，将会打开另一个随颜色模式而定的设置对话框，如图 7.3.5 所示，在此对话框中进一步指定需要合并的各个通道。在不同的色彩模式下，对话框中供选择的颜色特性也不同。

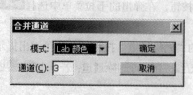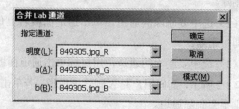

图 7.3.4　"合并通道"对话框　　　　　　　　图 7.3.5　"合并 Lab 通道"对话框

在"合并 Lab 通道"对话框中单击 确定 按钮后，当前选定的图像文件都将合并为一个文件，每个原始图像文件都仅以一个通道的模式存在于新文件中。在此我们将如图 7.3.3 所示的分离后的通道进行合并，其效果如图 7.3.6 所示。

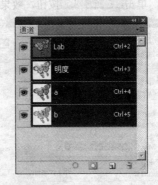

图 7.3.6 合并通道效果及其通道面板

7.4 合 成 通 道

图像合成主要是对一幅或者多幅图像中的通道和层、通道和通道进行组合操作。在 Photoshop 中提供了两个用于图像合成的命令，即应用图像和运算。

7.4.1 应用图像

在 Photoshop CS5 中，用户可以使用 **应用图像(Y)...** 命令将一幅图像的图层或通道混合到另一幅图像的图层或通道中，从而产生许多特殊效果。应用这一命令时必须保证源图像与目标图像有相同的像素大小，因为"应用图像"命令就是基于两幅图像的图层或通道重叠后，相应位置的像素在不同的混合方式下相互作用，从而产生不同的效果。

打开如图 7.4.1 所示的图像文件，选择菜单栏中的 **图像(I)** → **应用图像(Y)...** 命令，弹出"应用图像"对话框。

图 7.4.1 打开的图像文件

在 **源(S):** 下拉列表中可以选择一个与目标文件相同大小的文件。

在 **图层(L):** 下拉列表中可以选择源文件的图层。

在 **通道(C):** 下拉列表中可以选择源文件的通道，并可以选中 ☑ **反相(I)** 复选框使通道的内容在处理前反相。

在 **混合(B):** 下拉列表中可以选择计算时的混合模式，不同的混合模式，效果也不相同。

在 **不透明度(O):** 输入框中输入数值可调整合成图像的不透明度。

设置完参数后，单击 ▢ 确定 ▢ 按钮，效果如图 7.4.2 所示。

图 7.4.2　使用应用图像效果

7.4.2　计算

计算命令与应用图像命令功能相似。例如，两者均可选用某种混合选项及不透明度而产生混合效果。但两者也有区别，计算命令不能在一个复合通道中产生效果。计算命令可以将一幅或多幅图像中的两个通道以各种方式混合，并能将混合的结果应用到一个新的图像或当前所编辑图像的通道和选区中。

打开如图 7.4.1 所示的图像文件，选择菜单栏中的 图像(I) → 计算(C)… 命令，弹出"计算"对话框。

在 源 1(S): 或 源 2(U): 下拉列表中可选择参与计算的第一个通道或第二个通道所在的图像文件。

在 图层(L): 和 图层(Y): 下拉列表中可选择需要参与计算的图层，若要选择所有图层，可以选择合并。

在 通道(C): 和 通道(H): 下拉列表中可选择需要参与计算的通道。

在 不透明度(O): 输入框中输入数值，可改变计算时图层的不透明度。

设置完参数后，单击 ▢ 确定 ▢ 按钮，效果如图 7.4.3 所示。

图 7.4.3　使用计算命令效果

本 章 小 结

本章主要介绍了通道的使用方法与技巧，包括通道的类型、功能以及创建、编辑与合成方法。通过本章的学习，读者应对通道的用途有更深入的了解，从而在以后的制作过程中能够熟练地应用通道制作出美观大方的图像效果。

习　题　七

一、填空题

1．在 Photoshop CS5 中包含 5 种类型的通道，即_____通道、_____通道、_____通道、_____通道和_____通道。

2．在 Photoshop CS5 中，可以添加_____通道为印刷添加专色印版。

3．在 Photoshop CS5 中有两个图像合成命令，分别是_____和_____。

二、选择题

1．在通道面板上，可以按住（　）键在面板中单击需要载入选区的通道来载入通道选区。

（A）Ctrl　　　　　　　　　　　　（B）Shift+Alt+G

（C）Alt　　　　　　　　　　　　　（D）Shift

2．在通道面板中，（　）通道不能更改其名称。

（A）Alpha　　　　　　　　　　　（B）专色

（C）复合　　　　　　　　　　　　（D）单色

3．按住（　）键依次单击需要选择的通道则可同时选中多个通道。

（A）Shift　　　　　　　　　　　　（B）Alt

（C）Shift+Alt　　　　　　　　　　（D）Ctrl

三、简答题

1．在 Photoshop CS5 中，如何创建专色通道与 Alpha 通道？

2．如何使用应用图像命令合成图像？

四、上机操作

1．打开一个图像文件，练习使用通道功能精确选择某区域。

2．打开一个 RGB 图像文件，练习分离通道和合并通命令的使用方法。

第 8 章　路径与动作的使用

在 Photoshop CS5 中，路径工具是绘图的一个得力助手。它提供了一种按矢量的方法来处理图像的途径，从而使得许多图像处理操作变得简单而准确。而动作可以将一系列命令组合为一个独立的动作，并且可以在其他图像中使用，大大提高了处理图像的工作效率。

本章要点

（1）路径简介。
（2）创建路径。
（3）编辑路径。
（4）动作的使用。

8.1　路　径　简　介

在 Photoshop CS5 中，路径是指在图像中使用钢笔工具或形状工具创建的贝赛尔曲线轮廓。路径多用于自行创建的矢量图像或对图形的某个区域进行精确抠图，它不能打印输出，只能存放于路径面板中。

8.1.1　路径的概念

路径是由一条或多条直线或曲线的线段构成的。一条路径上有许多锚点，用来标记路径上线段的端点，而每个锚点之间的曲线形状可以是任意的。使用路径可以进行复杂图像的选取，可以将选区进行存储以备再次使用，可以绘制线条平滑的优美图形。

使用路径可以精确地绘制选区的边界，与铅笔工具或其他画笔工具绘制的位图图形不同，路径绘制的是不包含像素的矢量对象。因此，路径与位图图像是分开的，不会打印出来。

路径可以进行存储或转换为选区边界，也可以用颜色填充或描边路径，还可以将选区转换为路径。路径是由锚点、方向线、方向点和曲线线段等部分组合而成的，如图 8.1.1 所示。

其中，A 为曲线线段；B 为方向点；C 为被选择的锚点，呈黑色实心的正方形；D 为方向线；E 为未选择的锚点，呈空心的正方形。

曲线线段：是指两个锚点之间的曲线线段。

方向点与方向线：是指在曲线线段上，每个选中的锚点显示一条或两条方向线，方向线以方向点结束。

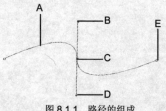

图 8.1.1　路径的组成

锚点：是由钢笔工具创建的，是一个路径中两条线段的交点。

角点：用户在绘制了一条曲线后，按住"Alt"键拖动平滑点，可将平滑点转换成带有两个独立方向线的角点，然后在不同的位置拖动，将创建一个与先前曲线弧度相反的曲线，在这两个曲线段之间的点就称为角点。

8.1.1　路径的功能

在 Photoshop 中使用形状工具时，可以使用 3 种不同的模式进行绘制。在选定形状或钢笔工具时，可通过选择选项栏中的图标来选取一种模式。

在 Photoshop 中引入路径的作用概括起来有以下几点：

（1）使用路径功能，可以将一些不够精确的选区转换为路径后再进行编辑和微调，完成一个精确的选区后再转换为选区使用。

（2）更方便地绘制复杂的图像，如人物、卡通的造型等。

（3）利用填充路径与描边路径命令可以创建出许多特殊的效果。

（4）路径可以单独作为矢量图输入到其他的矢量图程序中。

8.1.1　路径面板

在 Photoshop CS5 中，用户可利用路径面板对创建的路径进行管理和编辑，包括将选区转换为路径、将路径转换为选区、删除路径、创建新路径等。在默认状态下路径面板处于打开状态，如果窗口中没有显示路径面板，可通过选择菜单栏中的 窗口(W) → 路径 命令将其打开，如图 8.1.2 所示。

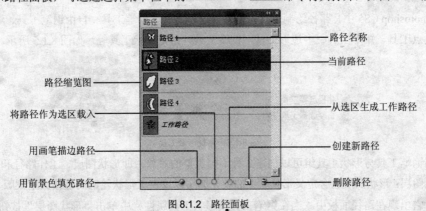

图 8.1.2　路径面板

路径面板中的各项功能介绍如下：

路径列表框：在路径列表框中列出了当前图像中的所有路径。

路径面板菜单：单击路径面板右上角的 按钮，弹出路径面板菜单，从菜单中可以选择相应的命令对路径进行操作。

"用前景色填充路径"按钮 ：单击此按钮，可将当前的前景色、背景色或图案等内容填充到路径所包围的区域中。

"用画笔描边路径"按钮 ：单击此按钮，可用当前选定的前景色对路径描边。

"将路径作为选区载入"按钮 ：单击此按钮可将当前选择的路径转换为选区。

"从选区生成工作路径"按钮 ：单击此按钮可将当前选区转换为路径。

"创建新路径"按钮 ：单击此按钮可创建新路径。

"删除当前路径"按钮 ，单击此按钮可删除当前选中的路径。

　　下面简单介绍路径面板的操作：

　　（1）选择或取消路径。如果要选择路径，可在路径面板中单击相应的路径名，一次只能选择一条路径；如果要取消选择路径，在路径面板中的空白区域单击或按回车键即可。

　　（2）更改路径缩览图的大小。单击路径面板右上角的  按钮，从弹出的菜单中选择 **面板选项...** 命令，即可弹出"路径调板选项"对话框，如图 8.1.3 所示。在 **缩览图大小** 选项区中提供了 3 种大小的路径缩略图供选择。

　　（3）改变路径的堆迭顺序。在路径面板中选择路径，然后上下拖移路径，当所需位置上出现黑色的实线时，释放鼠标按钮即可，如图 8.1.4 所示。

图 8.1.3　"路径调板选项"对话框　　　　　　　图 8.1.4　更改路径顺序

8.1.1　路径绘制工具

　　在 Photoshop CS5 中，路径绘制工具包括路径选择工具、钢笔工具、自由钢笔工具、添加锚点工具、转换点工具、矩形工具、多边形工具、直线工具、自定形状工具等，如图 8.1.5 所示。

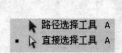

图 8.1.5　路径绘制工具

　　使用钢笔工具与形状工具组可以创建 3 种不同类型的对象，即形状图层、工作路径和填充像素。

　　形状图层：形状图层包含定义形状颜色的填充图层以及定义形状轮廓的链接矢量蒙版。形状轮廓是路径，它出现在路径面板中。当在钢笔工具或形状工具属性栏中单击"形状图层"按钮 时，可在图像中创建形状图层，形状图层会自动填充当前的前景色。

　　工作路径：当在钢笔工具或形状工具属性栏中单击"路径"按钮 时，可创建工作路径，显示在路径面板中。

　　填充像素：在形状工具属性栏中单击"填充像素"按钮 ，可直接在图层中绘制，与绘画工具的功能非常类似。

8.2　创 建 路 径

　　在 Photoshop CS5 中，可以绘制出直线路径、曲线路径和封闭路径 3 种，这主要取决于使用的路径绘制工具，本节将具体进行介绍。

8.2.1 使用钢笔工具

钢笔工具的使用方法很简单,首先单击工具箱中的"钢笔工具"按钮 ,其属性栏如图 8.2.1 所示。设置好参数后,在图像中单击鼠标即可进行节点定义,单击一次鼠标,路径中就会多一个节点,同时节点之间连接在一起,当鼠标放在第一个节点处时,光标变为 形状,单击鼠标可将路径封闭。

图 8.2.1 "钢笔工具"属性栏

单击 按钮,就可以在图像中绘制需要的路径。

单击 按钮,原属性栏将切换到形状图层属性栏,如图 8.2.2 所示,在利用钢笔工具绘制路径时,所绘的路径会被填充,填充的颜色在属性栏中的 颜色: 中设置,单击 样式: 下拉列表,可以选择一种填充样式进行填充。

图 8.2.2 "形状图层"属性栏

单击 按钮,在绘制图形时可以直接使用前景色填充路径区域。该按钮只有在选择形状工具时才可以使用。

 :该组工具可以直接用来绘制矩形、椭圆形、多边形、直线等形状。

选中 自动添加/删除 复选框,钢笔工具将具备添加和删除锚点的功能,可以在已有的路径上自动添加新锚点或删除已存在的锚点。

 :这 4 个按钮从左到右分别是相加、相减、相交和反交,与选框工具属性栏中的相同,这里不再赘述。

使用钢笔工具绘制路径的具体方法如下:

(1)选择工具箱中的钢笔工具 ,移动鼠标指针到图像窗口,单击鼠标左键,以确定线段的起始锚点。

技巧: 在按住"Shift"键的同时单击并移动鼠标进行绘制,可绘制出水平或垂直的直线路径。

(2)移动鼠标指针至下一锚点处单击就可以得到第二个锚点,这两个锚点之间会以直线连接,如图 8.2.3 所示。

(3)继续单击其他要设置节点的位置,在当前节点和前一个节点之间以直线连接。如果要绘制曲线路径,将指针拖移到另一位置,然后按左键拖动鼠标,即可绘制平滑曲线路径,如图 8.2.4 所示。

(4)将鼠标指针放在起始锚点处,使指针变为 形状,然后单击鼠标左键,即可绘制封闭的路径,如图 8.2.5 所示。

图 8.2.3 绘制的直线路径　　　图 8.2.4 绘制的曲线路径　　　图 8.2.5 绘制的封闭路径

8.2.2　使用自由钢笔工具

使用自由钢笔工具就像用钢笔在纸上绘画一样绘制路径，一般用于较简单路径的绘制。用此工具创建路径时，无须指定其具体位置，它会自动确定锚点。单击工具箱中的"自由钢笔工具"按钮 ，其属性栏如图 8.2.6 所示。

图 8.2.6　"自由钢笔工具"属性栏

其属性栏中只有 磁性的 选项与钢笔工具属性栏的选项不同，选中此复选框，自由钢笔工具将变为磁性钢笔工具，描绘路径时将在鼠标经过的地方自动附着磁性节点，并且自动按照一定的频率生成路径。

使用自由钢笔工具绘制路径很简单，其绘制路径的方法与使用套索工具创建选区的方法相似，在图像窗口中适当位置处单击鼠标左键并拖动就可以创建所需的路径，释放鼠标完成路径的绘制。如果要绘制封闭的路径，将鼠标指针放在起始锚点处，使指针变为 形状，然后单击鼠标左键，即可绘制封闭的路径，如图 8.2.7 所示。

图 8.2.7　使用自由钢笔工具绘制路径

技巧：使用自由钢笔工具建立路径后，按住"Ctrl"键，可将钢笔工具切换为直接选择工具。按住"Alt"键，移动鼠标到锚点上，鼠标光标将变为转换点工具 。若移动到开放路径的两端，鼠标光标将变为自由钢笔工具状态，按住鼠标即可继续描绘路径。

8.2.3　使用形状工具

如果要创建形状规则的路径，通常可以使用形状工具组来绘制，该工具组中包括矩形工具、圆角矩形工具、多边形工具、椭圆工具以及直线工具等。这些形状工具的使用方法基本类似，只需要拖动鼠标绘制即可，但需要在绘制前对绘制操作做一些具体设置。

1．矩形工具

使用矩形工具可以绘制出矩形、正方形的路径。其具体的绘制方法如下：

（1）单击工具箱中的"矩形工具"按钮 ，在属性栏中单击"几何选项"按钮 ，在弹出的面板中设置矩形的相关属性。

（2）将鼠标移至图像窗口中，按住鼠标左键并拖动，即可绘制矩形路径，如图 8.2.8 所示。此时即可在路径面板中建立一个工作路径，如图 8.2.9 所示。

图 8.2.8　绘制矩形路径

图 8.2.9　生成的路径

2．圆角矩形工具

圆角矩形工具的操作方法与矩形工具基本相同，但属性栏中的选项设置不完全相同。单击工具箱中的"圆角矩形工具"按钮 ▣，在属性栏中将出现一个 半径:选项，在此输入框中输入数值，可设置圆角矩形 4 个角的圆滑程度。

3．椭圆工具

使用椭圆工具 ● 可以绘制椭圆或圆形的路径，其具体的绘制方法与矩形工具相同，在此就不再赘述。

4．多边形工具

使用多边形工具可以绘制等边多边形、五边形与星形路径。绘制多边形的操作与绘制矩形有所区别，其具体的操作方法如下：单击工具箱中的"多边形工具"按钮 ●，在属性栏中设置多边形的边数，默认状态下为"5"，在图像中拖动鼠标，可绘制如图 8.2.10 所示的多边形路径。

在绘制多边形时，始终会以单击处为中心点，并且随着鼠标拖动而改变多边形的摆放位置，即在拖动鼠标绘制时，移动鼠标可以旋转未完成的多边形。

还可以通过设置多边形工具的选项，得到更多的多边形路径。单击其属性栏中的"几何选项"按钮 ▾，可打开"多边形选项"面板，如图 8.2.11 所示。

图 8.2.10　使用多边形绘制路径

图 8.2.11　"多边形选项"面板

在 半径:输入框中输入数值，可设置多边形半径。

选中 ☑ 星形 复选框，可设置并绘制星形。

在 缩进边依据:输入框中输入数值，可设置星形边缘缩进的百分比。

选中 ☑ 平滑拐角 复选框，可以平滑多边形的拐角，使绘制出来的多边形的角更加平滑，效果如图 8.2.12 所示。

选中 ☑ 平滑缩进 复选框，可以平滑多边形的凹陷，如图 8.2.13 所示。

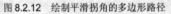

图 8.2.12　绘制平滑拐角的多边形路径　　　图 8.2.13　绘制平滑缩进的多边形路径

5. 直线工具

使用直线工具可以绘制出直线、箭头的形状和路径。

直线路径的绘制方法与矩形路径的绘制方法基本相同，只需要在工具箱中单击"直线工具"按钮 ，在图像窗口中拖动，即可绘制一条直线路径，如图 8.2.14 所示。绘制时，可在其属性栏中设置线条的宽度。

单击直线工具属性栏中的"几何选项"按钮 ，可弹出"箭头"选项面板，如图 8.2.15 所示。

图 8.2.14　使用直线工具绘制路径　　　图 8.2.15　"箭头"选项面板

选中 ☑ 起点 复选框，在图像中拖动鼠标可在起点位置绘制出箭头；选中 ☑ 终点 复选框，可在终点位置绘制出箭头，如图 8.2.16 所示。

图 8.2.16　绘制带箭头的直线路径

在 宽度: 输入框中输入数值，可设置箭头宽度，取值范围在 10%～1 000% 之间；在 长度: 输入框中输入数值，可设置箭头长度，取值范围在 10%～5 000% 之间；在 凹度: 输入框中输入数值，可设置箭头凹度，取值范围在-50%～50%之间。

6．自定义形状工具

使用自定义形状工具可以绘制各种预设形状，如箭头、心形、叶子形以及月牙形等。使用自定义形状工具绘制路径，其具体的绘制方法如下：

（1）单击单击"自定义形状"按钮 右侧的下拉按钮，打开自定形状选项面板，如图 8.2.17 所示。

（2）单击 形状 右侧的 下拉按钮，将弹出如图 8.2.18 所示的形状面板，从中可选择一种形状。

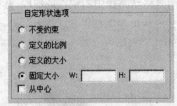

图 8.2.17　自定形状选项面板　　　　　图 8.2.18　预设的形状路径面板

（2）在图像中拖动鼠标，即可绘制所选形状的路径，如图 8.2.19 所示。

图 8.2.19　使用形状工具绘制路径

8.3　编　辑　路　径

路径最大的优点就是易于编辑，由于它是矢量对象，因此可以通过选择锚点、方向线对其进行编辑修改。

8.3.1　显示和隐藏路径

绘制一个路径后，它会始终显示在图像中，在处理图像的过程中，显示的路径会对处理图像带来不便。因此，就需要及时将路径隐藏。

要隐藏路径，只需要将鼠标移至路径面板中的路径列表与路径缩略图以外的地方单击，或按住"Shift"键单击路径名称即可；如果需重新显示路径，可直接在路径面板中单击路径名称。

8.3.2　选择和更改路径形状

要对所制作的路径进行调整，首先须选择路径或其中的锚点，这就需要用到路径选择工具 和直接选择工具 ，然后才可对路径进行移动、编辑和修改等操作。

1．路径选择工具

使用路径选择工具 ▶ 可以选中已创建路径中的所有锚点，拖动鼠标即可将该路径拖动至图像中的其他位置。还可以使用该工具复制路径，在按住"Alt"键的同时拖动该路径到图像中的合适位置即可完成路径的复制。

2．直接选择工具

使用直接选择工具也可以用来调整形状，主要作用是移动路径中的锚点或线段。其操作方法如下：

（1）单击工具箱中的"直接选择工具"按钮 ▶ ，然后单击图形中需要调整的路径，此时路径上的锚点全部显示为空心小矩形。将鼠标移动到锚点上单击，当锚点显示为黑色时，表示此锚点处于被选中状态，如图 8.3.1 所示。

图 8.3.1　选中的锚点

技巧：当需要在路径上同时选择多个锚点时，可以按住"Shift"键，然后依次单击要选择的锚点即可；也可以用框选的方法来选取所需的锚点；若要选择路径中的全部锚点，则可以按住"Alt"键在图形中单击路径，全部锚点显示为黑色时，即表示全部锚点被选择。

（2）拖曳平滑曲线两侧的方向点，可以改变其两侧曲线的形状。

（3）按住"Alt"键的同时用鼠标拖曳路径，可以复制路径，如图 8.3.2 所示。

图 8.3.2　复制路径

（4）按住"Ctrl"键，在路径中的锚点或线段上按下鼠标并拖曳，可将直接选择工具转换为路径选择工具；释放鼠标与"Ctrl"键后，再次按住"Ctrl"键在路径中的锚点或在线段上拖曳鼠标，可将路径选择工具转换为直接选择工具。

（5）按住"Shift"键，将鼠标光标移动到平滑点两侧的方向点上按下鼠标并拖曳，可以将平滑点的方向点以 45°角的倍数调整。

3．添加与删除锚点

利用添加锚点工具 和删除锚点工具 ，可以轻松添加或删除路径中的锚点。具体方法是：在图像中创建一个路径，将鼠标指针置于需要添加锚点的路径上，当鼠标指针变为 ⬚ 形状时单击鼠标左键，即可在路径上添加一个新的锚点；如果要删除锚点，将鼠标指针置于路径中需要删除的锚点上，当鼠标指针变为 ⬚ 形状时单击鼠标左键，即可删除路径上的锚点。

4．转换锚点

利用转换锚点工具可在平滑曲线和直线之间相互转换，还可以调整曲线的形状。单击工具箱中的"转换锚点工具"按钮 ⬚，将鼠标指针置于路径中需要转换的锚点上，当鼠标指针变为 ⬚ 形状时单击鼠标左键并拖动，即可转换路径上的锚点，同时由于方向线的改变，使得直线段转换为曲线段，效果如图 8.3.3 所示。

图 8.3.3　转换路径上的锚点

8.3.3　将路径转换为选区

用户不仅能够将选区转换为路径，而且还能够将所绘制的路径作为选区进行处理。要将路径转换为选区，只须单击路径面板中的"将路径作为选区载入"按钮 ⬚，即可将路径转换为选区。如果某些路径未封闭，则在将路径转换为选区时，系统自动将该路径的起点和终点相连形成封闭的选区。具体操作方法如下：

（1）新建一个图像文件，在图像中使用多边形工具绘制一个路径，如图 8.3.4 所示。

（2）在路径面板底部单击"将路径作为选区载入"按钮 ⬚，可直接将路径转换为选区，效果如图 8.3.5 所示。

图 8.3.4　绘制路径　　　　　　　　　　　图 8.3.5　将路径转换为选区

（3）单击工具箱中的"渐变工具"按钮 ⬚，对选区进行渐变填充，再按"Ctrl+D"键取消选区，效果如图 8.3.6 所示。

此外，在路径面板中单击右上角的 ⬚ 按钮，从弹出的下拉菜单中选择 <u>建立选区…</u> 命令，弹出"建立选区"对话框，可在将路径转换为选区时利用该对话框设置选区的羽化半径、是否消除锯齿，以及和原有选区的运算关系等，如图 8.3.7 所示。

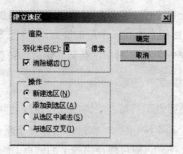

图 8.3.6　以渐变色填充选区效果　　　　图 8.3.7　"建立选区"对话框

8.3.4　将选区转换为路径

如果在图像中创建选区后，觉得不满意，可以将选区转换为路径，对其进行调整和编辑，然后再将其转换为选区。将选区转换为路径的具体操作如下：

（1）新建一幅图像，并在其中创建选区，如图 8.3.8 所示。

（2）单击路径面板中的"从选区生成工作路径"按钮　，即可将选区转换为路径，如图 8.3.9 所示。

图 8.3.8　创建选区　　　　　　　图 8.3.9　将创建的选区转换为路径

8.3.5　填充路径

如果要用前景色填充路径封闭区域，在路径面板中单击"用前景色填充路径"按钮　　即可。若要用背景色、图案或其他内容填充路径，可单击路径面板右上角的　　按钮，在弹出的路径面板菜单中选择 填充路径 命令，弹出"填充路径"对话框，在其中设置好参数后，单击　确定　按钮，即可填充路径，效果如图 8.3.10 所示。

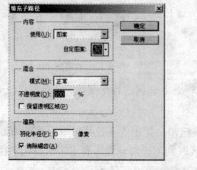

图 8.3.10　使用图案填充路径效果

在填充过程中，如果只选中了当前路径中的部分路径，则只填充选定部分，效果如图 8.3.11 所示。

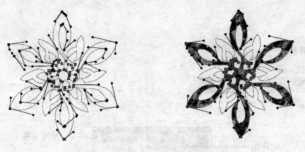

图 8.3.11　填充选定路径效果

8.3.6　描边路径

如果要用画笔工具对路径进行描边，可单击路径面板底部的"用画笔描边路径"按钮 ⬭。如果要使用其他描边工具，则可单击路径面板右上角的 ▣ 按钮，在弹出的路径面板菜单中选择 描边路径… 命令，弹出"描边路径"对话框，用户可在 ▨ 画笔 ▼ 下拉列表中选择描边所用的绘画工具，如图 8.3.12 所示。

选择描边工具以后，在该工具的属性栏中可以设置不透明度、画笔特性、羽化效果等影响描边的选项，如图 8.3.13 所示为对脚印路径进行描边的效果。

图 8.3.12　"描边路径"对话框

图 8.3.13　描边路径效果

8.3.7　删除路径

在 Photoshop CS5 中，删除路径常用的方法有以下两种：

（1）选择需要删除的路径，将其拖动到路径面板中的"删除路径"按钮 🗑 上即可删除路径。

（2）选择需要删除的路径，单击路径面板右上角的 ▣ 按钮，在弹出的路径面板菜单中选择 删除路径 命令，即可删除路径。

8.4　动作的使用

动作用来记录 Photoshop 的操作步骤，从而便于再次回放以提高工作效率和标准化操作流程。该功能支持记录针对单个文件或一批文件的操作过程。用户可以把一些经常进行的"机械化"操作录成动作来提高工作效率。

8.4.1　动作面板

选择菜单栏中的 窗口(W) → 动作 命令，或按"Alt+F9"键，即可打开动作面板，如图 8.4.1 所示。

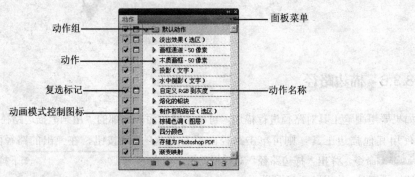

图 8.4.1　动作面板

1．动作组与动作

动作组类似于文件夹，用来组织一个或多个动作，在动作组中包含了多种动作序列。单击动作组左侧的三角形图标 ▶，可使其变为 ▼ 图标，即可展开该动作组，如图 8.4.2 所示。

一般在创建新动作时，会重命名一个比较容易记忆的名称，单击动作名称左三角形图标 ▶，可展开动作。

2．动作名称

每一个动作序列或动作都有一个名称，以便于用户识别。

3．复选标记

黑色的"√"标记代表该组、动作或步骤可用，而红色的"√"标记代表不可用。

4．动画模式控制图标

如果为黑色，那么在每个启动的对话框或者对应一个按回车键选择的步骤中都包括一个暂停；如果为红色，代表这里至少有一个暂停等待输入的步骤。

5．功能按钮

在动作面板中提供了一些功能按钮，其含义如下：

（1）"开始记录"按钮 ●：单击此按钮，可以开始录制一个新的动作，在录制的过程中，该按钮将显示为红色。

（2）"播放选定动作"按钮 ▶：单击此按钮，可以播放当前选定的动作。

（3）"停止"按钮 ■：单击此按钮，可以停止正在播放的动作，或新动作录制。

（4）"创建新组"按钮 ▢：单击此按钮，可以新建一个动作序列。

（5）"创建新动作"按钮 ：单击此按钮，可以新建一个动作。

（6）"删除动作"按钮 ：单击此按钮，可以删除当前选定的动作或动作序列。

6．动作面板菜单

单击动作面板右上角的"面板菜单"按钮 ，可弹出如图 8.4.3 所示的面板菜单，从中可选择动作库的名称、动作的状态以及对动作的编辑等操作。

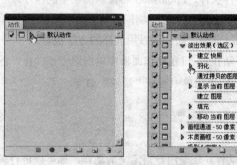

图 8.4.2 展开的动作序列 　　　　图 8.4.3 面板菜单

8.4.2 记录动作

除了可以使用系统提供的动作外，用户还可以根据自己的需要，将重复执行的一系列操作创建为动作，便于以后可以重复使用。创建并记录一个新动作的操作方法如下：

（1）打开一幅图像，在动作面板底部单击"创建新动作"按钮 ，或在面板菜单中选择 新建动作... 命令，弹出"新建动作"对话框，如图 8.4.4 所示。

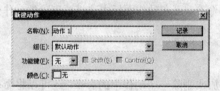

图 8.4.4 "新建动作"对话框

（2）在 功能键(E): 下拉列表中可为新动作选择一个快捷键。

（3）单击 记录 按钮，动作面板底部的"开始记录"按钮 变为红色 ，此时可以开始执行要记录的命令。

（4）如果执行的是 Photoshop 菜单中的命令，将弹出相应的对话框，设置相关参数后，确认操作，则 Photoshop 会记录该命令；如果在对话框中单击 取消 按钮，则忽略该命令。

（5）记录完所有的命令后，单击动作面板底部的"停止"按钮 ，可停止记录，最后保存记录的动作以备将来使用。

8.4.3 播放动作

记录一个动作后，就可以对要进行同样处理的图像使用该动作。执行时 Photoshop 会自动执行该动作中记录的所有命令。

执行动作就像执行菜单命令一样简单。首先选中要执行的动作，然后单击动作面板中的"播放选定的动作"按钮 ▶ ，或者执行面板菜单中的"播放"命令，这样，动作中录制的命令就会逐一自动执行。

也可以在按钮模式下执行动作，只要在该模式下单击要执行的动作名称即可。若要为动作设定了快捷键，可以使用快捷键来执行动作。在按钮模式下，动作序列中的所有命令都被执行。

选中之后，便可以像执行单个动作那样执行，Photoshop 将按照面板中的次序逐一执行选中的动作，几个序列也可以被同时执行。同执行文件夹中的多个动作一样，按住"Shift"键单击动作面板中的序列名称，可以选中多个不连续的序列，选中之后便可以用同样的方法执行。

要应用默认"动作"或自己录制的"动作"，可在动作面板中单击选中该动作，然后单击"播放选定的动作"按钮 ▶ ，或在动作面板的弹出菜单中选择"播放"命令。

8.4.4　编辑动作

在 Photoshop 中，无论是系统提供的动作，还是用户自定义的动作，都可以进行编辑与修改。编辑动作的操作包括复制、移动、删除以及更改内容等。

1．复制与删除动画

通过复制动作，可以快速创建相似的一类动作，也可以用在修改动作前做备份。复制动作及其命令的方法有以下 3 种：

（1）将动作或命令拖至动作面板底部的"创建新动作"按钮 上，即可复制该动作。

（2）按住"Alt"键的同时将要复制的命令或动作拖至动作面板中的新位置。

（3）选择要复制的动作或命令，在动作面板菜单中选择 复制 命令即可复制。

要删除一个动作或其中的命令，可在动作面板中选择要删除的动作或命令，然后单击面板底部的"删除动作"按钮 即可。

2．更改动作中的内容

在动作面板中，可重新添加或删除一个动作中的命令，还可以将命令移到不同的动作中。更改动作的方法有插入、再次记录和在不同动作之间拖动等方式。

插入新的命令：选择要插入命令的动作名称，在动作面板底部单击"开始记录"按钮 ● ，执行要添加的命令，单击"停止"按钮 ■ 停止记录。

为命令赋予新参数值：在动作面板菜单中选择 再次记录... 命令，可以为动作中带对话框的命令赋予新参数值。执行该命令时，Photoshop 会执行选定的动作，并在执行到带对话框的命令时暂停，以便输入新参数值。其具体的操作方法如下：

（1）选择需要更改的动作，在动作面板菜单中选择 再次记录... 命令。

（2）弹出"新建快照"对话框，在其中设置参数，单击 确定 按钮，Photoshop 便会记录新值。

3．插入"停止"对话框

在录制动作的过程中，由于有些操作无法被录制，但却必须执行，因此需要在录制过程中插入一个"停止"提示框，以提示操作者。下面以一个实例讲解在动作面板中插入"停止"对话框的操作。

（1）单击动作面板上的"创建新动作"按钮 ，新建一个动作并将其命名为"动作 1"。

（2）利用椭圆选框工具绘制一个正圆选区，变换后的动作面板，如图 8.4.5 所示。

图 8.4.5　开始记录动作

（3）单击工具箱中的"画笔工具"按钮 ，并在其属性栏中设置适当的画笔大小。

（4）在面板菜单中选择 插入停止... 命令，弹出"记录停止"对话框，如图 8.4.6 所示。

（5）单击 确定 按钮，此时在"动作 1"中将录制"停止"命令。

4．设置回放选项

在动作面板的面板菜单中选择 回放选项... 命令，将弹出"回放选项"对话框，如图 8.4.7 所示。

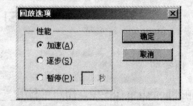

图 8.4.6　"记录停止"对话框　　　　　　　图 8.4.7　"回放选项"对话框

（1）加速：选择此选项，将以没有间断的速度直接应用动作。在选择此选项时几乎看不清楚动作在应用时每一步的操作结果。

（2）逐步：选择此选项，完成每个命令并重绘图像，然后再执行下一个命令，选择此选项将有利于观察在执行动作中的每一个命令后图像的操作结果。

（3）暂停：选择此选项，可以在其后面的文本框中输入每个动作中命令运行时的间隔暂停时间。

提示： 在动作面板中有些鼠标移动是不能被记录的。例如它不能记录使用画笔或铅笔工具等描绘的动作。但是动作面板可以记录文字工具输入的内容、形状工具绘制的图形和油漆桶工具进行的填充等过程。

8.4.5　管理动作

使用动作面板可以方便地对动作进行管理，主要包括选择动作、序列管理以及载入动作等操作。

1．选择动作

在动作面板中进行复制或删除动作之前，都需要先选择动作或命令。要选择单个动作或命令，其方法很简单，只须单击该动作或命令即可；如果要选择多个动作或命令，则可按以下的方法来完成。

（1）单击某个动作，然后按住"Shift"键并单击另一个动作，此时两个动作之间的所有动作均被选择。

（2）按住"Ctrl"键并依次单击多个动作或命令，可选择多个不连续的动作或命令。

2．载入动作

默认情况下，动作面板中只有一个缺省的动作序列，如果要将其他动作序列载入面板中，可选择面板菜单中的 `载入动作...` 命令，或者直接单击面板菜单底部的动作序列名称。

3．存储动作

创建了新序列或对现有序列中的动作进行修改后，可在动作面板菜单中选择 `存储动作...` 命令，对其进行保存。

本 章 小 结

本章主要介绍了路径与动作的使用方法与技巧，主要包括路径简介、创建路径、编辑路径以及动作的使用等内容。通过本章的学习，读者应掌握路径与动作面板的使用方法，并能熟练地对绘制的路径和动作进行各种编辑操作。

习　题　八

一、填空题

1．在 Photoshop CS5 中，用户可利用_____对创建的路径进行管理和编辑。

2．_____是由钢笔工具创建的，它是一个路径中两条线段的交点。

3．使用自由钢笔工具建立路径后，按住_____键，可将自由钢笔工具切换为直接选择工具；按住_____键，移动光标到锚点上，此时将变为转换点工具。

4．在 Photoshop CS5 中，绘制形状的工具包括_____、_____、_____、_____、_____和_____ 6 种。

5．_____用来记录 Photoshop 的操作步骤，从而便于再次回放以提高工作效率和标准化操作流程。

二、选择题

1．（　　）是最常用的一种描绘路径的工具，它可方便地绘制直线或曲线路径。

　　（A）矩形工具　　　　　　　　　　（B）自由钢笔工具

　　（C）自定义形状工具　　　　　　　（D）钢笔工具

2．在 Photoshop CS5 中，按（　　）键，可快速打开动作面板。

　　（A）Alt+F9　　　　　　　　　　　（B）Shift+F9

　　（C）F9　　　　　　　　　　　　　（D）Ctrl+F9

3．在 Photoshop CS5 中，用户除了可以利用相应的工具来绘制路径外，还可以将（　　）转换为路径。

　　（A）图层　　　　　　　　　　　　（B）切片

　　　（C）通道　　　　　　　　　　　　　　（D）选区

4．单击工具箱中（　　）可以将角点与平滑点进行转换。

　　（A）转换点工具　　　　　　　　　　　（B）直接选择工具

　　（C）路径选择工具　　　　　　　　　　（D）添加锚点工具

5．按（　　）键，依次单击多个动作或命令，可选择多个不连续的动作或命令。

　　（A）Alt　　　　　　　　　　　　　　　（B）Shift

　　（C）Ctrl　　　　　　　　　　　　　　　（D）Shift+Ctrl

三、简答题

1．简述路径的概念及功能。

2．选区和路径之间是如何进行转换的？

3．在 Photoshop CS5 中，用来绘制路径的工具有哪些？

四、上机操作

1．新建一幅图像，练习使用钢笔工具、自由钢笔工具以及形状工具绘制所需的路径。

2．结合本章所学的知识，绘制一段路径并对其进行各种编辑操作。

第 9 章 文 字 处 理

文字是艺术作品中常用的元素之一，它不仅可以帮助人们快速了解作品所呈现的主题，还可以在整个作品中充当重要的修饰元素，增加作品的主题内容，烘托作品的气氛。

本章要点

（1）输入文字。
（2）设置文字格式。
（3）在路径上创建和编辑文字。
（4）文字图层操作。

9.1 输 入 文 字

在 Photoshop CS5 中，用户可以使用 4 种文本工具在图像中输入文字，右击工具箱中的"横排文字工具"按钮 T，可弹出如图 9.1.1 所示的文字工具组。按"Shift+T"键，可在这 4 个工具之间进行切换。

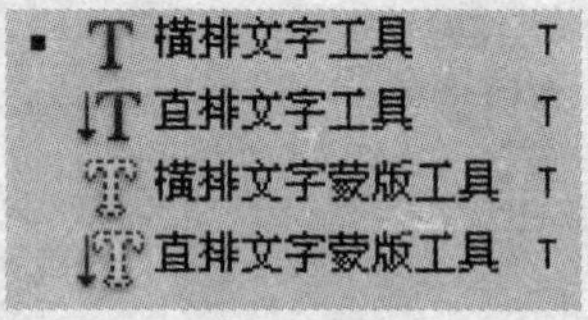

- T 横排文字工具　　　T
- ↓T 直排文字工具　　　T
- T 横排文字蒙版工具　　T
- T 直排文字蒙版工具　　T

图 9.1.1 文字工具组

单击"横排文字工具"按钮 T，在图像中单击鼠标，可创建水平方向的文字，如图 9.1.2 所示。
单击"直排文字工具"按钮 T，在图像中单击鼠标，可创建垂直方向的文字，如图 9.1.3 所示。

图 9.1.2 横排文字

图 9.1.3 直排文字

单击"横排文字蒙版工具"按钮 T，在图像中单击鼠标，可创建水平方向的文字选区，效果如图 9.1.4 所示。

单击"直排文字蒙版工具"按钮 T，在图像中单击鼠标，可创建垂直方向的文字选区，效果如

图 9.1.5 所示。

图 9.1.4 横排文字选区　　　　　　图 9.1.5 直排文字选区

9.1.1 输入点文字

点文字的输入方式是在图像中输入单独的文本，即一个字或一行字符。无须自动换行，可通过回车键使之换到下一行，然后再继续输入点文字。具体的创建方法如下：

（1）单击工具箱中的"横排文字工具"按钮 T 或"直排文字工具"按钮 T，在其属性栏中设置相关的参数。

（2）设置完成后，在图像中要输入文字的位置单击鼠标，当出现闪烁的光标（见图 9.1.6）时输入文字即可得到点文字，效果如图 9.1.7 所示。

图 9.1.6 闪烁的光标　　　　　　图 9.1.7 输入点文字效果

提示： 使用横排文字蒙版工具或直排文字蒙版工具在图像中单击时，不会自动创建文字图层，可为图像创建一层蒙版。在这种状态下输入文字后，再使用工具箱中的任何工具或单击属性栏中的"提交所有当前编辑"按钮，此时输入的文字将自动转换为选区，就可以将转换后的选区像普通选区一样进行填充、移动、描边、添加阴影等操作。

9.1.2 输入段落文字

段落文字最大的特点就是在段落文本框中创建，根据外框的尺寸在段落中自动换行，常用于输入画册、杂志和报纸等排版使用的文字。具体操作方法如下：

（1）单击工具箱中的"横排文字工具"按钮 T 或"直排文字工具"按钮 T，在其属性栏中设置相关的参数。

（2）设置完成后，在图像窗口中按下鼠标左键并拖曳出一个段落文本框，当出现闪烁的光标时输入文字，则可得到段落文字，效果如图 9.1.8 所示。

图 9.1.8　段落文字效果

与点文字相比，段落文字可设置更多的对齐方式，还可以通过调整文本框使段落文本倾斜排列或使文本框大小发生变化。将鼠标指针放在段落文本框的控制点上，当指针变成 ↗ 形状时，可以很方便地调整段落文本框的大小，效果如图 9.1.9 所示。当指针变成 ↻ 形状时，可以对段落文本进行旋转，如图 9.1.10 所示。

图 9.1.9　调整文本框的大小　　　　　　图 9.1.10　旋转文本框

9.2　设置文字格式

输入文字后，用户可以根据需要对文字内容进行增加或删除，也可以通过相关工具移动其位置，还可以通过 Photoshop CS5 提供的字符面板和段落面板，调整文字的属性及段落的对齐方式等内容。

9.2.1　字符面板

在字符面板中可以设置文字的字体、字号、字符间距以及行间距等。选择菜单栏中的 窗口(W) → 字符 命令，或单击"文字工具"属性栏中的"切换字符和段落面板"按钮 ▤，打开字符面板，如图 9.2.1 所示。

图 9.2.1　字符面板

1．设置字体

设置字体的具体操作方法如下：

（1）使用工具箱中的文字工具在图像中输入文字（点文字或段落文字），然后按住鼠标左键并拖动选择需要设置字体的文字，如图 9.2.2 所示。

（2）在字符面板左上角单击字体下拉列表框，可从弹出的下拉列表中选择需要的字体，所选择的文字字体将会随之改变，如图 9.2.3 所示。

图 9.2.2　选择需要设置字体的文字　　　　　图 9.2.3　改变字体

2．设置字体大小

设置字体大小的具体操作方法如下：

（1）选择需要设置字体大小的文字。

（2）在字符面板的 T [36 点] 下拉列表中选择数值，或直接在输入框中输入数值，即可改变所选文字的大小，如图 9.2.4 所示。

图 9.2.4　改变字体大小前后效果对比

7．设置字符颜色

在 Photoshop CS5 中输入文字前或输入文字后，都可对文字的颜色进行设置。具体的操作方法如下：

（1）选择要改变颜色的文字。

（2）在字符面板中单击 颜色 右侧的颜色块，可弹出"选择文本颜色"对话框，从中选择所需的颜色后，单击 确定 按钮，即可将文字颜色更改为所选的颜色，如图 9.2.5 所示。

图 9.2.5　改变字符颜色效果

8．转换英文字符大小写

在 Photoshop CS5 中提供了可以方便转换英文字符大小写的功能。转换英文字符大小写的具体操作方法如下：

（1）输入英文字母后，选择需要改变大小写的英文字符。

（2）在字符面板中单击"全部大写字母"按钮 **TT** 或"小型大写字母"按钮 **Tr**，即可更改所选字符的大小写，如图 9.2.6 所示。

選中文字　　　　　　　　　改变为全部大写字母　　　　　　　　改变为小型大写字母

图 9.2.6　更改英文字符大小写

也可以在字符面板中单击右上角的 ▤ 按钮，从弹出的面板菜单中选择 全部大写字母(C) 或 小型大写字母(M) 命令，来改变所选英文字符的大小写。

在字符面板中单击"仿粗体"按钮 **T**，可将当前的文字加粗；单击"仿斜体"按钮 **T**，可将当前的文字倾斜；单击"上标"按钮 **T'**，可将所选文字设置为上标文字；单击"下标"按钮 **T.**，可将所选文字设置为下标文字；单击"下画线"按钮 **T**，可在选中的文字下方添加下画线；单击"删除线"按钮 **T**，可在所选文字的中间添加一条删除线。

5．调整字符间距

调整字符间距的具体操作方法如下：

（1）在图像中输入文字后，选择要调整字符间距的文字。

（2）在字符面板中单击 **AV** 0 下拉列表框，从弹出的下拉列表中选择字符间距数值，也可直接在输入框中输入所需的字符间距数值，即可改变所选字符间的距离，如图 9.2.7 所示。

图 9.2.7　改变字符间距

提示： 如果需要对两个字符之间的距离进行微调，可使用文字工具在两个字符之间单击，然后在字符面板中单击 **AV** 右侧的下拉列表，从中选择所需的数值，或直接在输入框中输入数值即可。

3．调整行距

行距是两行文字之间的基线距离。Photoshop CS5 中的默认行距为自动，在字符面板中单击 **IA**（自动）下拉列表框，从弹出的下拉列表中选择需要的行距数值，也可直接输入行距数值来改变所选文字行与行之间的距离，如图 9.2.8 所示。

图 9.2.8　改变行距前后效果对比

6. 设置字符基线偏移

移动字符基线，可以使字符根据所设置的参数上下偏移基线。在字符面板中的 A＋ 0点 输入框中输入数值，可使所选文字向上或向下偏移，如图 9.2.9 所示。输入的数值为正时，文字向上偏移；输入的数值为负时，文字向下偏移。

选中文字　　　　　　　　　　　　　基线偏移－30

图 9.2.9　设置字符基线偏移效果

9.2.2　段落面板

在段落面板中可以设置图像中段落文本的对齐方式。选择菜单栏中的 窗口(W) → 段落 命令，或单击"文字工具"属性栏中的"切换字符和段落面板"按钮 ▤，打开段落面板，如图 9.2.10 所示。

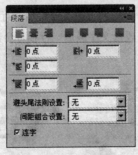

图 9.2.10　段落面板

1. 对齐和调整文字

可以将文字与段落一端对齐，也可以将文字与段落两端对齐，以达到整齐的视觉效果。在段落面板或"文字工具"属性栏中，文字的对齐选项有：

（1）"左对齐文本"按钮 ▤：使点文字或段落文字左端对齐，右端参差不齐，如图 9.2.11 所示。

（2）"居中文本"按钮 ▤：使点文字或段落文字居中对齐，两端参差不齐，如图 9.2.12 所示。

图 9.2.11　左对齐文本

图 9.2.12　居中对齐文本

（3）"右对齐文本"按钮 ▇：使点文字或段落文字右对齐，左端参差不齐，如图 9.2.13 所示。

图 9.2.13　右对齐文本

在段落面板或"文字工具"属性栏中，文字的段落对齐选项有：

（1）"最后一行左对齐"按钮 ▇：可将段落文字最后一行左对齐，如图 9.2.14 所示。

（2）"最后一行居中对齐"按钮 ▇：可将段落文字最后一行居中对齐，如图 9.2.15 所示。

图 9.2.14　左对齐段落文字

图 9.2.15　居中对齐段落文字

（3）"最后一行右对齐"按钮 ▇：可将段落文字最后一行右对齐，如图 9.2.16 所示。

（4）"全部对齐"按钮 ▇：可将段落文字最后一行强行全部对齐，如图 9.2.17 所示。

图 9.2.16　右对齐段落文字

图 9.2.17　全部对齐段落文字

2．设置段落缩进

段落缩进是指段落文字与文字定界框之间的距离。缩进只影响所选段落，因此可以很容易地为多个段落设置不同的缩进。下面以图 9.2.11 中输入的文本为例来介绍设置段落缩进的方法。

在段落面板中的左缩进输入框 ▇0点　中输入数值，可设置段落文字在定界框中左侧的缩进量，如图 9.2.18 所示。

在右缩进输入框 中输入数值，可设置段落文字在定界框中右侧的缩进量，如图 9.2.19 所示。

图 9.2.18 设置段落文字的左缩进 50   图 9.2.19 设置段落文字的右缩进 50

在首行缩进输入框 中输入数值，可设置段落文字在定界框中的首行缩进量，如图 9.2.20 所示。

图 9.2.20 设置段落文字的首行缩进 50

3. 设置段落间距

在段落面板中的段前添加空格输入框 中输入数值，可设置所选段落文字与前一段文字之间的距离；在段后添加空格输入框 中输入数值，可设置所选段落文字与后一段文字之间的距离。

9.3 在路径上创建和编辑文字

在 Photoshop CS5 中不仅可以输入点文字和段落文字，还可以沿着用钢笔或形状工具创建的工作路径的边缘排列所输入的文字。

9.3.1 在路径上输入文字

在路径上输入文字是指在创建路径的外侧输入文字，可以利用钢笔工具或形状工具在图像中创建工作路径，然后再输入文字，使创建的文字沿路径排列，具体操作步骤如下：

（1）单击工具箱中的"钢笔工具"按钮 ，在图像中创建需要的路径，如图 9.3.1 所示。

（2）单击工具箱中的"直排文字工具"按钮 ，将鼠标指针移动到路径的起始锚点处，单击插入光标，然后输入需要的文字，效果如图 9.3.2 所示。

（3）要调整文字在路径上的位置，可单击工具箱中的"路径选择工具"按钮 ，将鼠标指针指向文字，当鼠标指针变为 ![] 或 ![] 形状时拖曳鼠标，即可改变文字在路径上的位置，如图 9.3.3 所示。

图 9.3.1　创建的路径

图 9.3.2　输入路径文字

（4）若要对创建好的路径形状进行修改，路径上的文字将会一起被修改，如图 9.3.4 所示。

图 9.3.3　调整文字在路径上的位置

图 9.3.4　修改路径形状效果

（5）在路径面板空白处单击鼠标可以将路径隐藏。

9.3.2　在路径内输入文字

在路径内输入文字是指在创建的封闭路径内输入文字，具体操作步骤如下：

（1）单击工具箱中的"多边形工具"按钮 ，在图像中创建如图 9.3.5 所示的路径。

（2）单击工具箱中的"横排文字工具"按钮 T ，将鼠标指针移动到椭圆路径内部，单击鼠标在如图 9.3.6 所示的状态下输入需要的文字，输入文字后的效果如图 9.3.7 所示。

图 9.3.5　创建的路径

图 9.3.6　设置起点

（3）从输入的文字可以看到文字按照路径形状自行更改位置，将路径隐藏即可完成输入，效果如图 9.3.8 所示。

图 9.3.7　输入文字

图 9.3.8　隐藏路径

9.4 文字图层操作

在图像中输入文字后，可将其中的字符、段落设置为需要的格式，用户还可以对整个文字图层进行相关操作。

9.4.1 变形文字

输入文字后会自动生成文字图层，在 Photoshop CS5 中可以对文字图层进行缩放、旋转、翻转以及变形等操作，通过这些操作可以产生出各种不同的文字效果。

1．文字变换

在输入文字后，可以将文本进行放大或缩小。具体的操作方法如下：

（1）使用横排文字工具在图像中输入点文字或段落文字。

（2）选中文本图层，然后选择菜单栏中的 编辑(E) → 变换 命令，弹出其子菜单，选择其中相应的命令可以对文字进行缩放、旋转以及翻转等操作，如图 9.4.1 所示。

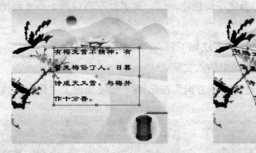

图 9.4.1　变换文字

2．文字变形

单击文字工具属性栏中的"创建文字变形"按钮，弹出"变形文字"对话框，如图 9.4.2 所示。单击 样式(S): 下拉列表框右侧的 按钮，将弹出如图 9.4.3 所示的下拉列表，可从中选择所需的文字变形样式。

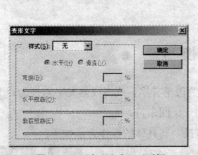

图 9.4.2　"变形文字"对话框

图 9.4.3　样式下拉列表

选择一种样式后，"变形文字"对话框中将会显示出该样式的相关参数。通过 ⊙ 水平(H) 与 ⊙ 垂直(V) 单选按钮可确认文字变形的方向，在 弯曲(B):、水平扭曲(O): 与 垂直扭曲(E): 输入框中输入数值或拖动其下的滑块，可调整文字的弯曲度。

设置好参数后，单击 ▭确定▭ 按钮，文字变形后的效果如图 9.4.4 所示。

图 9.4.4　文字变形前后效果对比

如果对某一种变形效果不满意，可选择变形的文字图层，然后在"变形文字"对话框中的 样式(S): 下拉列表中选择"无"选项，即可恢复文本的原始状态。

9.4.2　更改文字图层的方向

文字图层的取向决定文字行相对于图像窗口（对于点文字）或文本框（对于段落文字）的方向。当文字图层垂直时，文字行上下排列；当文字图层水平时，文字行左右排列。不要混淆文字图层的取向与文字行中字符的方向。

要更改文字图层的方向，其具体的操作方法如下：

（1）使用工具箱中的文字工具在图像中输入文字。

（2）在文字工具属性栏中单击"更改文字方向"按钮 ▭T▭，可使当前文字图层在水平与垂直之间切换，如图 9.4.5 所示。

图 9.4.5　更改文字图层的方向

创建文字后，也可通过选择菜单栏中的 图层(L) → 文字 → 水平(H) / 垂直(V) 命令来更改文字图层的方向。

9.4.3　点文字与段落文字的转换

在 Photoshop CS5 中可以将点文字转换为段落文字，或将段落文字转换为点文字。将段落文字转换为点文字时，每个文字行的末尾都会添加一个回车符。

如果要在点文字与段落文字之间进行转换，其具体的操作方法如下：

（1）在图层面板中选择输入的点文字，然后选择 图层(L) → 文字 → 转换为段落文本(P) 命令，可将点文字转换为段落文字，如图 9.4.6 所示。

（2）此时，转换为段落文本(P) 命令变为 转换为点文本(P) 命令，选择 转换为点文本(P) 命令，可将段落文字转换为点文字。

图 9.4.6 转换点文字为段落文字

9.4.4 将文字转换为路径或形状

基于文字创建的路径或形状，可以作为矢量图形处理。在 Photoshop CS5 中可以将文字转换为路径或形状，其具体的转换方法如下：

（1）在图层面板中选择需要转换成路径或形状的文字图层。

（2）选择菜单栏中的 图层(L) → 文字 → 创建工作路径(C) 命令，或者选择菜单栏中的 图层(L) → 文字(T) → 转换为形状(A) 命令，即可将文字转换为路径或图形，如图 9.4.7 所示。

图 9.4.7 转换文字为路径或形状

9.4.5 将文字转换为选区

在 Photoshop CS5 中，不仅可以使用文字蒙版工具创建文字的选区，还可以使用横排文字工具与直排文字工具创建文字后，将其转换为选区，再进行选区的编辑处理。要将文字转换为选区，其具体操作方法如下：

（1）在图层面板中选择文字图层。

（2）按住 "Ctrl" 键的同时在图层面板中单击文字图层列表前的缩览图，即可将文字图层转换为选区，如图 9.4.8 所示。

图 9.4.8 将文字图层转换为选区

9.4.6　栅格化文字图层

在 Photoshop CS5 中有许多命令与工具都不能用于文字图层。例如，单击工具箱中的"橡皮擦工具"按钮，将鼠标移至文字图层，此时鼠标光标显示为 状态，表示该图层不可进行擦除，因此，必须在应用这些命令与工具之前栅格化文字。

栅格化文字就是将文字图层转换为普通图层，其具体操作步骤如下：

（1）在图层面板中选择文字图层。

（2）选择菜单栏中的 图层(L) → 栅格化(Z) → 文字(T) 命令，即可将文字图层转换为普通图层，如图 9.4.9 所示。

图 9.4.9　栅格化文字图层

本 章 小 结

本章主要介绍了文字处理的方法与技巧，包括输入文字、设置文字格式、在路径上创建和编辑文字以及文字图层操作等内容。通过本章的学习，读者应熟练掌握文字工具和文字图层操作的方法与技巧，以制作出优秀的特效文字效果。

习 题 九

一、填空题

1. 字符格式和段落格式的设置是通过＿＿＿＿＿＿和＿＿＿＿＿＿来完成的。

2. 段落缩进是指＿＿＿＿＿与＿＿＿＿＿之间的距离。

3. ＿＿＿＿＿文字通常适用于在图像中添加数量较多的文字。

4. 栅格化文字图层，就是将文字图层转换为＿＿＿＿＿＿。

5. 当输入＿＿＿＿＿＿时，每行文字都是独立的，行的长度随着编辑增加或缩短，但不换行；输入＿＿＿＿＿＿时，文字基于定界框的尺寸换行。

二、选择题

1. 利用（　）可以在图像中直接创建选区文字。

（A）横排文字工具　　　　　　　　　　（B）横排文字蒙版工具

（C）直排文字工具　　　　　　　　　　（D）直排文字蒙版工具

2．在字符面板中单击（　　）按钮，可将文字加粗。

（A）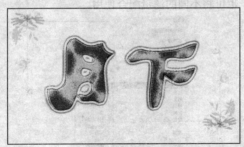　　　　　　　　　　　　　（B）

（C）　　　　　　　　　　　　　　　（D）

3．要为文字四周添加变形框，可以按（　　）键。

（A）Ctrl+Alt+T　　　　　　　　　　（B）Ctrl+T

（C）Alt+T　　　　　　　　　　　　（D）Shift+T

4．在段落面板中将整个段落文字左对齐，可以使用（　　）按钮。

（A）　　　　　　　　　　　　　　（B）

（C）　　　　　　　　　　　　　　（D）

5．在 Photoshop CS5 中，按住（　　）键的同时，在图层面板中单击文字图层列表前的缩览图，即可将文字图层转换为选区。

（A）Ctrl　　　　　　　　　　　　　（B）Shift

（C）Ctrl+T　　　　　　　　　　　　（D）Alt

三、简答题

1．如何设置调整文本的行距和字符间距？

2．如何在路径上创建和编辑文字？

四、上机操作

1．使文字工具在图像中输入点文字，然后分别将其转换为段落文字、工作路径以及形状。

2．使用本章所学的知识，制作出如题图 9.1 所示的特效文字效果。

题图　9.1

第 10 章　添加滤镜特效

在 Photoshop CS5 中，滤镜是用于创建图像特殊效果的一个强大工具。使用滤镜不仅可以帮助用户对图像进行模糊、锐化和亮度处理，还可以使图像产生各种各样的艺术效果，如水彩画、马赛克、吹风、波浪以及浮雕效果等。

本章要点

（1）滤镜简介。
（2）应用内置滤镜。
（3）应用滤镜库。
（4）应用消失点滤镜。
（5）应用液化滤镜。

10.1　滤　镜　简　介

滤镜来源于摄影中的滤光镜，利用滤光镜的功能可以改进图像并能产生特殊效果。在 Photoshop 中，通过滤镜的功能，可以为图像添加各种各样的特殊效果，Photoshop CS5 为用户提供了上百种不同的滤镜，包括滤镜库、风格化、扭曲、液化以及艺术效果滤镜等，如图 10.1.1 所示。使用这些滤镜可以创造出不同的图像效果，也可将不同的滤镜配合使用。

图 10.1.1　滤镜菜单

10.1.1　滤镜的使用范围

Photoshop 的滤镜功能是该软件中用处最多，效果最奇妙的功能。Photoshop 中的滤镜可以应用于图像的选择区域，也可以应用于整个图层。Photoshop 中的滤镜从功能上基本分为矫正性滤镜与破坏性滤镜。矫正性滤镜包括模糊、锐化、视频、杂色以及其他滤镜，它们对图像处理的效果很微妙，可调整对比度、色彩等宏观效果。除这几种滤镜外，滤镜(T) 菜单中的其他滤镜都属于破坏性滤镜，破坏性滤镜对图像的改变比较明显，主要用于构造特殊的艺术效果。

滤镜的处理以像素为单位，因此滤镜的处理效果与分辨率有关，同一幅图像如果分辨率不同，处理时所产生的效果也不同。

在为图像添加滤镜时，如果图像是在位图、索引图、48 位 RGB 图、16 位灰度图等色彩模式下，将不允许使用滤镜；在 CMYK、Lab 色彩模式下，将不允许使用艺术效果、画笔描边、素描、纹理以及视频等滤镜。

10.1.2 滤镜的使用技巧

滤镜的使用方法与其他工具有一些差别，下面先对相关的事项进行介绍。

（1）上一次选取的滤镜将出现在菜单顶部，按"Ctrl+F"键，可以快速重复使用该滤镜，若要使用新的设置选项，需要在对话框中设置。

（2）按"Esc"键，可以放弃当前正在应用的滤镜。

（3）按"Ctrl+Z"键，可以还原滤镜的操作。

（4）按"Ctrl+Alt+F"键，可以显示出最近应用的滤镜对话框。

（5）滤镜可以应用于可视图层。

（6）不能将滤镜应用于位图模式或索引颜色的图像。

（7）有些滤镜只对 RGB 图像产生作用。

在为图像添加滤镜效果时，通常会占用计算机系统的大量内存，特别是在处理高分辨率的图像时就更加明显。用户可以使用如下方法进行优化：

（1）在处理大图像时，先在图像局部添加滤镜效果。

（2）如果图像很大，且有内存不足的问题时，可以将滤镜效果应用于图像的单个通道。

（3）关闭其他应用程序，以便为 Photoshop 提供更多的可用内存。

（4）如果要打印黑白图像，最好在应用滤镜之前，先将图像的一个副本转换为灰度图像。

如果将滤镜应用于彩色图像后再转换为灰度，则所得到的效果可能与该滤镜直接应用于此图像的灰度图的效果不同。

10.2 应用内置滤镜

在 Photoshop CS5 中提供了多种内置滤镜。包括像素化、扭曲、杂点、模糊、艺术效果、渲染以及纹理等滤镜，本节将结合实例介绍这些内置滤镜的功能与使用方法。

10.2.1 像素化滤镜

像素化滤镜组主要是通过将相似颜色值的像素转化成单元格而使图像分块或平面化。该滤镜组包括彩块化、彩色半调、点状化、晶格化、马赛克、碎片和铜版雕刻等 7 种滤镜。

1. 彩色半调

彩色半调滤镜模拟在图像的每个通道上增加一层半色调的网格屏，从而模仿出半色调色点的效果。对于每个通道，此滤镜将图像划分为矩形，并用圆形替换每个矩形，图像产生铜版画的效果。打开一个图像文件，选择菜单栏中的 滤镜(T) → 像素化 → 彩色半调... 命令，弹出"彩色半调"对话框。在 最大半径(R): 输入框中输入数值，设置网格的大小；在 网角(度): 选项区中设置屏蔽的度数，其中的 4 个通道分别代表填入的颜色之间的角度，每一个通道的取值范围均为−360～360。

设置相关的参数后，单击 确定 按钮，效果如图 10.2.1 所示。

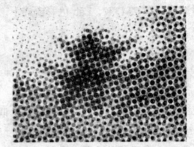

图 10.2.1　应用彩色半调滤镜前后的效果对比

2．晶格化

晶格化滤镜可以在图像的表面产生结晶颗粒，使相近的像素集结形成一个多边形网格。打开一个图像文件，选择菜单栏中的 滤镜(T) → 像素化 → 晶格化... 命令，弹出"晶格化"对话框。在 单元格大小(C) 输入框中输入数值，设置产生色块的大小，取值范围为 3～300。

设置相关的参数后，单击 确定 按钮，效果如图 10.2.2 所示。

图 10.2.2　应用晶格化滤镜前后的效果对比

3．铜片雕刻

铜片雕刻滤镜是用点、线条或画笔重新生成图像。打开一个图像文件，选择菜单栏中的 滤镜(T) → 像素化 → 铜版雕刻... 命令，弹出"铜板雕刻"对话框。在 类型 下拉列表中选择铜板雕刻的类型。

设置相关的参数后，单击 确定 按钮，效果如图 10.2.3 所示。

图 10.2.3　应用铜片雕刻滤镜前后的效果对比

4. 点状化

点状化滤镜可将图像中的颜色分散为随机分布的网点，且用背景色来填充网点之间的区域，从而实现点描画的效果。

5. 马赛克

马赛克滤镜是通过将一个单元内的所有像素统一颜色，使图像产生如同是由一个个单一色彩小方块组成的马赛克效果。

6. 彩块化

彩块化滤镜用于将像素分组并转换成颜色相近的像素块，使图像具有手工绘制的质感。

7. 碎片

碎片滤镜可将像素复制 4 次，然后再将它们平移并降低不透明度，从而产生一种不聚焦的效果。

10.2.2　扭曲滤镜

扭曲滤镜是在图像处理中最常用的滤镜之一，使用扭曲滤镜可以对图像进行各种扭曲和变形处理。在制作底纹时，通常需要使用扭曲滤镜进行变形而产生纹理。

1. 玻璃

使用玻璃滤镜可产生一种类似透过玻璃看图像的效果。可以在一幅图像上创建富有特色的玻璃透镜。选择菜单栏中的 `滤镜(T)` → `扭曲` → `玻璃...` 命令，弹出"玻璃"对话框。

在 `扭曲度(D)` 文本框中输入数值设置图像的变形程度。

在 `平滑度(M)` 文本框中输入数值设置玻璃的平滑程度。

在 `缩放(S)` 文本框中输入数值设置纹理的缩放比例。

在 `纹理(T):` 下拉列表中选择表面纹理的变形类型，选项为 `小镜头`。

选中 ☑ `反相(I)` 复选框，可以使图像中的纹理图进行反转。

设置好参数后，单击 `确定` 按钮，效果如图 10.2.4 所示。

图 10.2.4　应用玻璃滤镜前后效果对比

2. 波纹

波纹滤镜可以使图像表面产生一些起伏的小波纹，其效果看上去像是水面上产生的波纹一样。打开一个图像文件，选择菜单栏中的 `滤镜(T)` → `扭曲` → `波纹...` 命令，弹出"波纹"对话框。

在 `数量(A)` 文本框中输入数值设置产生波纹的数量，输入数值范围为 −999～999。

在 大小(S) 下拉列表中选择波纹的大小。

设置相关的参数后，单击 确定 按钮，效果如图 10.2.5 所示。

图 10.2.5　应用波纹滤镜前后效果对比

3. 极坐标

利用极坐标滤镜命令可使图像产生极度的扭曲效果。选择菜单栏中的 滤镜(T) → 扭曲 → 极坐标... 命令，弹出"极坐标"对话框。

选中 ⦿ 平面坐标到极坐标(R) 单选按钮，图像将从平面坐标系转换到极坐标系。

选中 ⦿ 极坐标到平面坐标(P) 单选按钮，图像将从极坐标系转换到平面坐标系。

设置相关的参数后，单击 确定 按钮，效果如图 10.2.6 所示。

图 10.2.6　应用极坐标滤镜效果

4. 切变

切变滤镜可使图像沿设置的曲线进行扭曲变形。选择菜单栏中的 滤镜(T) → 扭曲 → 切变 命令，弹出"切变"对话框。

在 未定义区域: 选项区中选中 ⦿ 折回(W) 单选按钮，可使图像中弯曲出去的部分在相反方向的位置显示；选中 ⦿ 重复边缘像素(R) 单选按钮，则弯曲出去的部分不会在相反方向的位置显示。

设置好参数后，单击 确定 按钮，效果如图 10.2.7 所示。

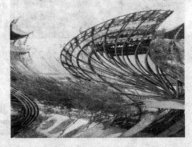

图 10.2.7　应用切变滤镜前后效果对比

5．扩散亮光

扩散亮光滤镜用于产生弥漫的光亮效果,该滤镜可将图像渲染成像是透过一个柔和的扩散滤色片来观看的效果。它将透明的白色杂点添加到图像中,并从选区的中心向外渐隐亮光。使用此滤镜会使图像中较亮的区域产生一种光照的效果。选择菜单栏中的 滤镜(T) → 扭曲 → 扩散亮光... 命令,弹出"扩散亮光"对话框。

在 粒度(G) 文本框中输入数值,可以设置产生杂点颗粒的数量,其取值范围为 0～10。

在 发光量(L) 文本框中输入数值,可以设置光线的照射强度,其取值范围为 0～20。一般情况下,该参数不应设置得太大,在 10 以内的效果会比较好一些。

在 清除数量(C) 文本框中输入数值,可以设置图像效果的清晰度,其取值范围为 0～20。

设置好参数后,单击 确定 按钮,效果如图 10.2.8 所示。

图 10.2.8　应用扩散亮光滤镜前后效果对比

6．球面化

利用球面化滤镜可以在水平方向或垂直方向上球面化图像。球面化滤镜可以使选区中的图像或图层中的图像产生一种球面扭曲的立体效果。

7．旋转扭曲

旋转扭曲滤镜可以使图像产生旋转风轮的效果,中心的旋转程度比边缘的旋转程度大,一般用于制作漩涡效果。

8．波浪

波浪滤镜是通过选择不同的波长以产生不同的图像波动效果。

9．挤压

挤压滤镜是对图像进行向内或向外的挤压,使图像产生一定幅度的整体变形。此滤镜有时可以模拟相机镜头在调节为不同焦距后所拍摄的图片效果。

10．水波

水波滤镜可以产生池塘波纹和旋转的效果。使用该滤镜可以使图像具有波纹效果,就像水中泛起的涟漪。

10.2.3　模糊滤镜

模糊滤镜组可以不同程度地降低图像的对比度来柔化图像。一般用于强调图像中的主题或图像的边缘过渡太突然时，需要对图像进行一定的处理，使次要的部分变得模糊，或者使边缘的过渡变得柔和。此滤镜组包括表面模糊、动感模糊、方框模糊、高斯模糊、径向模糊、镜头模糊等 11 种。

1. 高斯模糊

高斯模糊滤镜是一种常用的滤镜，是通过调整模糊半径的参数使图像快速模糊，从而产生一种朦胧效果。选择 滤镜(T) → 模糊 → 高斯模糊... 命令，弹出"高斯模糊"对话框。

在 半径(R): 输入框中输入数值，设置图像的模糊程度，输入的数值越大，图像模糊的效果越明显。设置相关的参数后，单击 确定 按钮，效果如图 10.2.9 所示。

图 10.2.9　应用高斯模糊滤镜前后的效果对比

2. 动感模糊

动感模糊滤镜可在指定的方向上对像素进行线性的移动，使其产生一种运动模糊的效果。选择菜单栏中的 滤镜(T) → 模糊 → 动感模糊... 命令，弹出"动感模糊"对话框。

在 角度(A): 文本框中输入数值，设置动感模糊的方向。

在 距离(D): 文本框中输入数值，设置处理图像的模糊强度，输入数值范围为 1～999。

设置完参数后，单击 确定 按钮，效果如图 10.2.10 所示。

图 10.2.10　应用动感模糊滤镜前后的效果对比

3. 特殊模糊

特殊模糊滤镜可以使图像产生一种清晰边界的模糊效果，该滤镜能够找出图像边缘，并只模糊图像边界线以内的区域，设置的参数将决定 Photoshop 所找到的边缘位置。选择菜单栏中的 滤镜(T) → 模糊 → 特殊模糊... 命令，弹出"特殊模糊"对话框。

在 半径 输入框中输入数值，设置辐射的范围大小。

在 阈值 输入框中输入数值，设置模糊的阈值，输入数值范围为 0.1～100。

在 品质: 下拉列表中选择模糊效果的质量。

在 模式: 下拉列表中选择产生图像效果的模式。

设置相关的参数后，单击 确定 按钮，效果如图 10.2.11 所示。

图 10.2.11　应用特殊模糊滤镜前后的效果对比

4．径向模糊

径向模糊滤镜可对图像进行旋转模糊，也可将图像从中心向外缩放模糊。选择菜单栏中的
滤镜(T) → 模糊 → 径向模糊... 命令，弹出"径向模糊"对话框。

在 数量(A) 文本框中输入数值，可设置图像产生模糊效果的强度，输入数值范围为 1～100。

在 模糊方法: 选项区中可选择模糊的方法。

在 品质: 选项区中可选择生成模糊效果的质量。

设置相关的参数后，单击 确定 按钮，效果如图 10.2.12 所示。

图 10.2.12　应用径向模糊滤镜前后的效果对比

5．表面模糊

表面模糊滤镜可以在保留图像边缘的情况下对图像内部进行模糊处理，从而去除一些杂色。

6．形状模糊

形状模糊滤镜使用指定的形状来创建图像的模糊效果。

7．进一步模糊

进一步模糊滤镜生成的效果比模糊滤镜强 3～4 倍。

8．镜头模糊

镜头模糊滤镜是指向图像中添加模糊以产生更窄的景深效果，以便使图像中的一些对象在焦点内，而使另一些区域变模糊。

10.2.4　风格化滤镜

风格化滤镜组通过移动或置换图像像素的方式来产生印象派或其他风格的图像效果，许多效果非常显著，几乎看不出原图的效果。此滤镜组包括查找边缘、等高线、风、浮雕效果、扩散、拼贴、曝光过度、凸出和照亮边缘 9 种滤镜。

1．浮雕效果

浮雕效果滤镜通过勾画图像或选区的轮廓和降低周围色值来生成浮雕图像效果。选择菜单栏中的 滤镜(T) → 风格化 → 浮雕效果... 命令，弹出"浮雕效果"对话框。

在 角度(A): 输入框中输入数值，可设置光线照射的角度值。

在 高度(H): 输入框中输入数值，可设置浮雕凸起的高度。

在 数量(M): 输入框中输入数值，可设置凸出部分细节的百分比。

设置相关的参数后，单击 确定 按钮，效果如图 10.2.13 所示。

图 10.2.13　应用浮雕滤镜前后的效果对比

2．凸出

凸出滤镜可将图像转变为凸出的三维锥体或立方体，使其产生 3D 纹理效果。选择菜单栏中的 滤镜(T) → 风格化 → 凸出... 命令，弹出"凸出"对话框。

在 类型: 选项区中可选择一种凸出的类型，即 ⊙ 块(B) 或 ⊙ 金字塔(P)。

在 大小(S): 输入框中可设置块状和金字塔状体的底面大小。

在 深度(D): 输入框中可设置图像从屏幕凸起的程度，基于色阶选项可使图像中的某一部分亮度增加，使块状和金字塔状与色阶连在一起。

设置完成后，单击 确定 按钮，效果如图 10.2.14 所示。

图 10.2.14　应用凸出滤镜前后的效果对比

3．风

利用风滤镜命令可在图像中制作各种风吹效果。选择菜单栏中的 滤镜(T) → 风格化 → 风... 命令，弹出"风"对话框。

在 方法 选项中可设置风力的大小，包括 ⊙风(W) 、 ⊙大风(B) 和 ⊙飓风(S) 3 个单选按钮；在 方向 选项中可设置风吹的方向，包括 ⊙从右(R) 和 ⊙从左(L) 两个单选按钮。

设置完成后，单击 确定 按钮，效果如图 10.2.15 所示。

图 10.2.15　应用风滤镜前后效果对比

4．拼贴

拼贴滤镜可以将图像分成像是由瓷砖方块组成的，并使每个方块上都有部分图像。选择菜单栏中的 滤镜(T) → 风格化 → 拼贴... 命令，弹出"拼贴"对话框。

在 拼贴数: 输入框中输入数值，可设置在图像中每行和每列显示的小方格数量。

在 最大位移: 输入框中输入数值，可设置小方格偏移的距离。

填充空白区域用: 选项区用于设置拼贴块之间空白区域的填充方式。

设置相关的好参数后，单击 确定 按钮，效果如图 10.2.16 所示。

图 10.2.16　应用拼贴滤镜前后的效果对比

5．查找边缘

使用查找边缘滤镜可以查找对比强烈的图像边缘区域并突出边缘，用线条勾勒出图像的边缘，生成图像周围的边界。

6．扩散

扩散滤镜用于创建一种类似透过磨砂玻璃观看图像的分离模糊效果。

7．曝光过度

曝光过度滤镜可以产生图像的正片和负片混合的效果，类似于在摄影显影过程中使照片在短暂的时间内增加光线强度以产生曝光过度的效果。

8. 等高线

等高线滤镜用于查找图像中主要亮度区域，并淡淡地勾勒这些亮度区域，以得到与等高线图中的线条类似的效果。

10.2.5 艺术效果滤镜

艺术效果滤镜组仅用于 RGB 色彩模式和多通道色彩模式的图像，而不能在 CMYK 或 Lab 模式下工作。它们都要求图像的当前层不能为全空。这组滤镜可以制作各种各样的艺术效果，可独立发挥作用，也可配合其他滤镜效果使用，以取得理想的效果。

1. 壁画

壁画滤镜可使图像产生一种古壁画的斑点效果，它与干画笔滤镜产生的效果非常相似，不同的是壁画滤镜能够改变图像的对比度，使暗调区域的图像轮廓清晰。选择菜单栏中的 滤镜(T) → 艺术效果 → 壁画 命令，弹出"壁画"对话框。

在 画笔大小(B) 输入框中输入数值，可以设置模拟笔刷的大小，其取值范围为 0～10。

在 画笔细节(D) 输入框中输入数值，可以设置笔触的细腻程度，其取值范围为 0～10。

在 纹理(T) 输入框中输入数值，可以设置壁画效果的颜色过渡变形值，其取值范围为 1～3。

设置相关的参数后，单击 确定 按钮，效果如图 10.2.17 所示。

图 10.2.17 应用壁画滤镜前后的效果对比

2. 粗糙蜡笔

利用粗糙蜡笔滤镜可以将图像处理成类似用粗糙蜡笔画出来的效果。打开一个图像文件，选择菜单栏中的 滤镜(T) → 艺术效果 → 粗糙蜡笔 命令，弹出"粗糙蜡笔"对话框。

在 描边长度(D) 输入框中输入数值，设置线条纹理的长度。

在 描边细节(D) 输入框中输入数值，设置笔触的细腻程度。

在 纹理(T): 下拉列表中选择纹理的类型。

在 光照(L): 下拉列表中选择光线的照射方向。

在 缩放(S) 输入框中输入数值，设置纹理的缩放比例。

在 凸现(R) 输入框中输入数值，设置纹理的深度。

选中 ☑ 反相(I) 复选框，可将产生的纹理反相处理。

设置相关的参数后，单击 确定 按钮，效果如图 10.2.18 所示。

图 10.2.18　应用粗糙蜡笔滤镜前后的效果对比

3．塑料包装

塑料包装滤镜可以使图像如涂上一层光亮的塑料，以产生一种表面质感很强的塑料包装效果，使图像具有立体感。选择菜单栏中的 滤镜(T) → 艺术效果 → 塑料包装 命令，弹出"塑料包装"对话框。

在 高光强度(H) 输入框中输入数值，可设置塑料包装效果中高亮度点的亮度。

在 细节(D) 输入框中输入数值，可设置产生效果细节的复杂程度。

在 平滑度(S) 输入框中输入数值，可设置产生塑料包装效果的光滑度。

设置相关的参数后，单击 确定 按钮，效果如图 10.2.19 所示。

图 10.2.19　应用塑料包装滤镜前后的效果对比

4．海报边缘

使用海报边缘滤镜可以减少图像中的颜色数量，并用黑色勾画轮廓，使图像产生海报画的效果。打开一个图像文件，选择菜单栏中的 滤镜(T) → 艺术效果 → 海报边缘... 命令，弹出"海报边缘"对话框。

在 边缘厚度(H) 输入框中输入数值，设置边缘的宽度。

在 边缘强度(I) 输入框中输入数值，设置边缘的可见程度。

在 海报化(P) 输入框中输入数值，设置颜色在图像上的渲染效果。

设置相关的参数后，单击 确定 按钮，效果如图 10.2.20 所示。

图 10.2.20　应用海报边缘滤镜前后的效果对比

5．底纹效果

底纹效果滤镜根据纹理的类型和色值来描绘图像，使图像产生一种纹理喷绘的效果。打开一个图像文件，选择菜单栏中的 `滤镜(T)` → `艺术效果` → `底纹效果...` 命令，弹出"底纹效果"对话框。

在 `画笔大小(B)` 输入框中输入数值，设置画笔的尺寸。

在 `纹理覆盖(C)` 输入框中输入数值，设置纹理覆盖的面积。

在 `纹理(T)` 下拉列表中可选择纹理类型。

在 `光照(L)` 下拉列表中可选择光线照射的方向。

在 `缩放(S)` 输入框中输入数值，设置纹理的缩放比例。

在 `凸现(R)` 输入框中输入数值，设置浮雕效果的凸现程度。

选中 `☑ 反相(I)` 复选框，可将产生的纹理反相处理。

设置相关的参数后，单击 `确定` 按钮，效果如图 10.2.21 所示。

图 10.2.21　应用底纹效果滤镜前后的效果对比

6．木刻

使用木刻滤镜可以将图像描绘成好像是由粗糙剪下的彩色纸片组成的效果。选择菜单栏中的 `滤镜(T)` → `艺术效果` → `木刻...` 命令，弹出"木刻"对话框。

在 `色阶数(L)` 输入框中输入数值，可以设置图像上的色阶分布层次，其取值范围为 2～8。

在 `边缘简化度(S)` 输入框中输入数值，可以设置边缘简化量，其取值范围为 0～10。

在 `边缘逼真度(F)` 输入框中输入数值，可以设置产生痕迹的精确程度，其取值范围为 1～3。

设置相关的参数后，单击 `确定` 按钮，效果如图 10.2.22 所示。

图 10.2.22　应用木刻滤镜前后的效果对比

7．海绵

海绵滤镜是使用颜色对比强烈、纹理较重的区域创建图像，使图像看上去好像是用海绵绘制的。选择菜单栏中的 `滤镜(T)` → `艺术效果` → `海绵...` 命令，弹出"海绵"对话框。

在 `画笔大小(B)` 输入框中输入数值，可以设置画笔笔刷的大小，其取值范围为 0～10。

在 清晰度 (D) 输入框中输入数值，可以设置画笔的粗细程度，其取值范围为 0～25。

在 平滑度 (S) 输入框中输入数值，可以设置效果的平滑程度，其取值范围为 1～15。

设置相关的参数后，单击 确定 按钮，效果如图 10.2.23 所示。

图 10.2.23　应用海绵滤镜前后的效果对比

8．水彩

水彩滤镜以水彩的风格绘制图像，简化图像中的细节，使图像产生类似于用蘸了水和颜色的中号画笔绘制的效果。

9．彩色铅笔

彩色铅笔滤镜可以使图像产生类似用彩色铅笔在黑色、灰色、白色纸上作画的效果。该滤镜使用图像中的主要颜色，并把那些次要的颜色变为纸色（这取决于参数的设置）。

10．霓虹灯光

霓虹灯光滤镜可使图像产生一种奇特的光照效果，像是用彩色霓虹灯照射在图像上一样。

11．干画笔

干画笔滤镜通过减少图像的颜色来简化图像的细节，使图像显示的效果介于油画和色彩画之间。

12．涂抹棒

涂抹棒滤镜用于模拟用粉笔和蜡笔在纸上涂抹出来的效果。此滤镜使用短的对象线来涂抹图像的较暗区域以柔化图像，使图像中的亮区变得更亮，以致失去细节。

13．胶片颗粒

胶片颗粒滤镜可以产生一种胶片颗粒纹理的效果，通过向图像中的高光区和暗调区增加噪波来确定图像局部调亮的范围和程度。

14．调色刀

调色刀滤镜通过减少图像中的细节以生成描绘得很淡的画布效果，使整个图像中的暗调区域变得更黑。

10.2.6　画笔描边滤镜

画笔描边滤镜组可使用不同的画笔和油墨笔触效果使图像产生绘画式或精美艺术的外观，可为图像添加颗粒、绘画、边缘，以获得点状化效果，且这些滤镜对 CMYK 和 Lab 模式的图像都不起作用。

1. 墨水轮廓

墨水轮廓滤镜可在图像中建立黑色油墨的喷溅效果。选择菜单栏中的 滤镜(T) → 画笔描边 → 墨水轮廓... 命令，弹出"墨水轮廓"对话框。

在 描边长度(S) 输入框中输入数值，可以设置画笔描边的线条长度。

在 深色强度(D) 输入框中输入数值，可以设置黑色油墨的强度。

在 光照强度(L) 输入框中输入数值，可以设置图像中浅色区域的光照强度。

设置相关的参数后，单击 确定 按钮，效果如图 10.2.24 所示。

图 10.2.24　应用墨水轮廓滤镜前后的效果对比

2. 强化的边缘

利用强化的边缘滤镜命令可以强化勾勒图像的边缘，使图像边缘产生荧光效果。选择菜单栏中的 滤镜(T) → 画笔描边 → 强化的边缘... 命令，弹出"强化的边缘"对话框。

在 边缘宽度(W) 输入框中输入数值，可设置需要强化的边缘宽度。

在 边缘亮度(B) 输入框中输入数值，可设置边缘的明亮程度。

在 平滑度(S) 输入框中输入数值，可设置图像的平滑程度。

设置相关的参数后，单击 确定 按钮，效果如图 10.2.25 所示。

图 10.2.25　应用强化的边缘滤镜前后的效果对比

3. 成角的线条

成角的线条滤镜命令是利用两种角度的线条来描绘图像，使图像产生具有方向性的线条效果。选择 滤镜(T) → 画笔描边 → 成角的线条... 命令，弹出"成角的线条"对话框。

在 方向平衡(D) 输入框中输入数值，可设置描边线条的方向角度。

在 描边长度(L) 输入框中输入数值，可设置描边线条的长度。

在 锐化程度(S) 输入框中输入数值，可设置图像效果的锐化程度。

设置相关的参数后，单击 确定 按钮，效果如图 10.2.26 所示。

图 10.2.26　应用成角的线条滤镜前后的效果对比

4．喷溅

喷溅滤镜命令是利用图像本身的颜色来产生喷溅效果，类似于用水在画面上喷溅、浸润的效果。打开一个图像文件，选择 滤镜(T) → 画笔描边 → 喷溅 命令，弹出"喷溅"对话框。

在 喷色半径(R) 输入框中输入数值，可设置喷溅的范围。

在 平滑度(S) 输入框中输入数值，可设置喷溅效果的平滑程度。

设置相关的参数后，单击 确定 按钮，效果如图 10.2.27 所示。

图 10.2.27　应用喷溅滤镜前后的效果对比

5．深色线条

深色线条滤镜可用细密的暗色线条描绘图像的暗色区域，用细密的白色线条描绘图像的亮色区域，以产生黑色阴影效果。

6．烟灰墨

利用烟灰墨滤镜命令可在图像上产生一种类似于用黑色墨水的画笔在宣纸上绘画的效果。

7．阴影线

阴影线滤镜用于产生网状线条，使图像色彩边缘变得粗糙，以产生阴影效果。

10.2.7　渲染滤镜

渲染滤镜组可以对图像产生照明、云彩以及特殊的纹理效果。在需要对一幅图像的整体进行处理时，常常用到该滤镜组。

1. 云彩

云彩滤镜是在前景色和背景色之间随机抽取像素值并转换为柔和的云彩效果。打开一个图像文件，选择菜单栏中的 滤镜(T) → 渲染 → 云彩 命令，系统会自动对图像进行调整，效果如图 10.2.28 所示。

图 10.2.28　应用云彩滤镜前后的效果对比

提示： 在选择云彩滤镜命令时按下"Shift"键可产生低漫射云彩。如果需要一幅对比强烈的云彩效果，在选择云彩命令时须按"Alt"键。

2. 光照效果

光照效果滤镜是 Photoshop CS5 中较复杂的滤镜，可对图像应用不同的光源、光类型和光的特性，也可以改变基调、增加图像深度和聚光区。选择菜单栏中的 滤镜(T) → 渲染 → 光照效果... 命令，弹出"光照效果"对话框。

样式：：用于选择光照样式。

光照类型：：用于选择灯光类型，包括平行光、全光源、点光。

强度：：用于控制光源的强度，还可以在右边的颜色框中选择一种灯光的颜色。

聚焦：可以调节光线的宽窄。此选项只有在使用点光时可使用。

属性：：拖动 光泽：滑块可调节图像的反光效果；材料：滑块可设置光线或光源所照射的物体是否产生更多的折射；曝光度：可用于设置光线明暗度；环境：可用于设置光照范围的大小。

纹理通道：：在该下拉列表中可以选择一个通道，即将一个灰色图像当做纹理来使用。

设置相关的参数后，单击 确定 按钮，最终效果如图 10.2.29 所示。

图 10.2.29　应用光照效果滤镜前后的效果对比

3. 镜头光晕

镜头光晕滤镜可给图像添加类似摄像机对着光源拍摄时的镜头炫光效果，可自动调节摄像机炫光位置。选择菜单栏中的 滤镜(T) → 渲染 → 镜头光晕... 命令，弹出"镜头光晕"对话框。

在 亮度(B): 输入框中输入数值，可设置炫光的亮度大小。

拖动 光晕中心: 显示框中的十字光标，可以设置炫光的位置。

在 镜头类型 选项区中选择镜头的类型。

设置相关的参数后，单击 确定 按钮，效果如图 10.2.30 所示。

图 10.2.30　应用镜头光晕滤镜前后的效果对比

4．纤维

纤维滤镜命令可使图像产生一种纤维化的图案效果，其颜色与前景色和背景色有关。

5．分层云彩

分层云彩滤镜使用随机生成的介于前景色与背景色之间的值生成云彩图案，相当于将图像进行云彩处理后，再将图像模式设为差值与原图像叠加的效果。

10.2.8　素描滤镜

素描滤镜主要通过模拟素描、速写等绘画手法使图像产生不同的艺术效果。该滤镜可以在图像中添加底纹从而产生三维效果。素描滤镜组中的大部分滤镜都要配合前景色与背景色使用。

1．半调图案

半调图案滤镜使用前景色和背景色在当前图像中重新添加颜色，使图像产生网状图案效果。选择菜单栏中的 滤镜(T) → 素描 → 半调图案... 命令，弹出"半调图案"对话框。

在 大小(S) 文本框中输入数值设置图案的大小。

在 对比度(C) 文本框中输入数值设置图像中前景色和背景色的对比度。

在 图案类型(P) 下拉列表中可选择产生的图案类型，包括圆形、网点和直线 3 种类型。

设置相关的参数后，单击 确定 按钮，效果如图 10.2.31 所示。

图 10.2.31　应用半调图案滤镜前后效果对比

2. 影印

影印滤镜可用前景色与背景色来模拟影印图像效果，图像中的较暗区域显示为背景色，较亮区域显示为前景色。选择菜单栏中的 滤镜(T) → 素描 → 影印... 命令，弹出"影印"对话框。

在 细节(D) 文本框中输入数值，可设置图像影印效果细节的明显程度。

在 暗度(A) 文本框中输入数值，可设置图像较暗区域的明暗程度，输入数值越大，暗区越暗。

设置好参数后，单击 确定 按钮，效果如图 10.2.32 所示。

图 10.2.32　应用影印滤镜前后效果对比

3. 水彩画纸

水彩画纸滤镜可以使图像产生类似在潮湿的纸上绘图而产生画面浸湿的效果。打开一个图像文件，选择菜单栏中的 滤镜(T) → 素描 → 水彩画纸... 命令，弹出"水彩画纸"对话框。

在 纤维长度(F) 文本框中输入数值可设置扩散的程度与画笔的长度。

在 亮度(B) 文本框中输入数值可设置图像的亮度。

在 对比度(C) 文本框中输入数值可设置图像的对比度。

设置相关的参数后，单击 确定 按钮，效果如图 10.2.33 所示。

图 10.2.33　应用水彩画纸滤镜前后效果对比

4. 绘图笔

绘图笔滤镜可使图像产生使用精细的、具有一定方向的油墨线条重绘的效果。选择菜单栏中的 滤镜(T) → 素描 → 绘图笔... 命令，弹出"绘图笔"对话框。

在 描边长度(S) 输入框中输入数值，设置笔画长度。

在 明/暗平衡(B) 输入框中输入数值，设置图像效果的明暗平衡度。

在 描边方向(D): 下拉列表中选择笔画描绘的方向。

设置相关的参数后，单击 确定 按钮，效果如图 10.2.34 所示。

图 10.2.34　应用绘图笔滤镜前后的效果对比

5．撕边

利用撕边滤镜可以将图像撕成碎纸片状，使图像产生粗糙的边缘，并以前景色与背景色渲染图像。选择菜单栏中的 滤镜(T) → 素描 → 撕边… 命令，弹出"撕边"对话框。

在 图像平衡(I) 文本框中输入数值设置前景色与背景色之间的平衡比例。

在 平滑度(S) 文本框中输入数值设置撕破边缘的平滑程度。

在 对比度(C) 文本框中输入数值设置图像的对比度。

设置相关的参数后，单击 确定 按钮，效果如图 10.2.35 所示。

图 10.2.35　应用撕边滤镜前后效果对比

6．铬黄

铬黄滤镜可以模拟发光的液体金属效果，使图像产生金属质感效果。打开一个图像文件，选择菜单栏中的 滤镜(T) → 素描 → 铬黄… 命令，弹出"铬黄渐变"对话框。

在 细节(D) 文本框中输入数值设置原图像细节保留的程度。

在 平滑度(S) 文本框中输入数值设置铬黄效果纹理的光滑程度。

设置相关的参数后，单击 确定 按钮，效果如图 10.2.36 所示。

图 10.2.36　应用铬黄滤镜前后效果对比

7．便条纸

便条纸滤镜用来模拟凸现压印图案产生草纸画效果。

8．图章

图章滤镜命令可使图像简化，产生一种类似于图章的图案效果。

9．炭精笔

炭精笔滤镜可以模拟蜡笔的效果。使用此滤镜可以在图像上模拟纯黑色和纯白色的炭精笔纹理。炭精笔滤镜在图像中将色调较暗的区域填充前景色，较亮的区域填充背景色。为了得到更加逼真的效果，可以在应用滤镜之前将前景色设置为常用的炭精笔颜色（如黑色、深褐色和血红色）。

10．基底凸现

基底凸现滤镜可以使图像产生一种较为粗糙的浮雕效果，图像中较暗的区域使用前景色，而较亮的区域使用背景色。

11．网状

网状滤镜可以产生一种网覆盖图像的效果，图像中较暗的区域呈结块状，较亮的区域呈颗粒状。

12．粉笔和炭笔

粉笔和炭笔滤镜可以产生一种粉笔和炭笔涂抹的效果。图像中的背景用粉笔绘制，阴影区域用炭笔线条绘制。

13．炭笔

炭笔滤镜可以使图像产生一种类似于炭笔画的效果，所使用的炭笔颜色为前景色。

10.2.9　锐化滤镜

锐化滤镜组通过增加相邻像素的对比度来聚焦模糊的图像。使用该组滤镜可使图像更清晰逼真，但是如果锐化太强烈，反而会适得其反。

1．锐化

利用锐化滤镜可以增加图像像素之间的对比度，使图像清晰化。打开一个图像文件，选择菜单栏中的 滤镜(T) → 锐化 → 锐化 命令，系统会自动对图像进行调整，效果如图 10.2.37 所示。

图 10.2.37　应用锐化滤镜前后效果对比

2．USM 锐化

使用 USM 锐化滤镜可以在图像边缘的两侧分别制作一条明线或暗线，以调整其边缘细节的对比度，最终使图像的边缘轮廓锐化。打开一个图像文件，选择菜单栏中的 滤镜(T) → 锐化 → USM 锐化... 命令，弹出"USM 锐化"对话框。

在 数量(A): 文本框中输入数值设置锐化的程度。

在 半径(R): 文本框中输入数值设置边缘像素周围影响锐化的像素数。

在 阈值(T): 文本框中输入数值设置锐化的相邻像素之间的最低差值。

设置相关的参数后，单击 确定 按钮，效果如图 10.2.38 所示。

图 10.2.38　应用 USM 锐化滤镜前后效果对比

3．进一步锐化

进一步锐化滤镜可以产生强烈的锐化效果，用于提高图像的对比度和清晰度。此滤镜处理的图像效果比 USM 锐化滤镜更强烈。如图 10.2.39 所示为应用进一步锐化滤镜前后效果对比。

图 10.2.39　应用进一步锐化滤镜前后效果对比

4．锐化边缘

锐化边缘滤镜只锐化图像的边缘，同时保留总体的平滑度。使用此滤镜在不指定数量的情况下锐化边缘。

5．智能锐化

智能锐化滤镜可以通过设置锐化算法或控制阴影和高光中的锐化量设置图像的锐化程度。

10.2.10　纹理滤镜

纹理滤镜可以使图像中各部分之间产生过渡变形的效果，其主要的功能是在图像中加入各种纹理以产生图案效果。使用纹理滤镜可以使图像的表面具有深度感或物质覆盖表面的感觉。

1. 染色玻璃

利用染色玻璃滤镜命令可以制作彩色的玻璃效果，像是透过花玻璃看图像的效果。打开一个图像文件，选择菜单栏中的 `滤镜(T)` → `纹理` → `染色玻璃...` 命令，弹出"染色玻璃"对话框。

在 `单元格大小(C)` 文本框中输入数值，可设置产生的玻璃格的大小。

在 `边框粗细(B)` 文本框中输入数值，可设置玻璃边框的粗细。

在 `光照强度(L)` 文本框中输入数值，可设置光线照射的强度。

设置完成后，单击 `确定` 按钮，效果如图 10.2.40 所示。

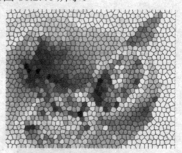

图 10.2.40　应用染色玻璃滤镜前后效果对比

2. 龟裂缝

利用龟裂缝滤镜命令可使图像产生干裂的浮雕纹理效果。选择菜单栏中的 `滤镜(T)` → `纹理` → `龟裂缝...` 命令，弹出"龟裂缝"对话框。

在 `裂缝间距(S)` 文本框中输入数值，可设置产生的裂纹之间的距离。

在 `裂缝深度(D)` 文本框中输入数值，可设置产生裂纹的深度。

在 `裂缝亮度(B)` 文本框中输入数值，可设置裂缝的亮度。

设置完成后，单击 `确定` 按钮，效果如图 10.2.41 所示。

图 10.2.41　应用龟裂缝滤镜前后效果对比

3. 拼缀图

利用拼缀图滤镜命令可将图像拆分为不同颜色的小方块，类似于拼贴图的效果。选择菜单栏中的 `滤镜(T)` → `纹理` → `拼缀图...` 命令，弹出"拼缀图"对话框。

在 `方形大小(S)` 文本框中输入数值，可设置生成方块的大小。

在 `凸现(R)` 文本框中输入数值，可设置方块的凸现程度。

设置完成后，单击 `确定` 按钮，效果如图 10.2.42 所示。

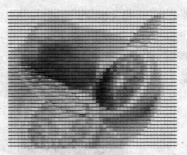

图 10.2.42　应用拼缀图滤镜前后效果对比

4. 颗粒

颗粒滤镜可通过模拟不同种类的颗粒（如常规、软化、喷洒、结块、强反差、扩大、点刻、水平、垂直和斑点），在图像中随机添加纹理。

5. 马赛克拼贴

马赛克拼贴滤镜通过将图像中具有相似色彩的所有像素变为相同的颜色，来模拟马赛克的效果。此滤镜与点状化滤镜相似。

6. 纹理化

纹理化滤镜是将系统自带的或用户自己创建的纹理应用于图像，使图像产生纹理效果。

10.2.11　杂色滤镜

应用杂色滤镜可以在图像中随机地添加或减少杂色，这有利于将选区混合到周围的像素中。使用杂色滤镜可创建与众不同的纹理，如灰尘或划痕。

1. 蒙尘与划痕

蒙尘与划痕滤镜是通过不同的像素来减少图像中的杂色。选择菜单栏中的 滤镜(T) → 杂色 → 蒙尘与划痕... 命令，弹出"蒙尘与划痕"对话框。

在 半径(R): 文本框中输入数值，可设置清除缺陷的范围；在 阈值(T): 文本框中输入数值，可设置进行处理的像素的阈值。

设置完成后，单击 确定 按钮，效果如图 10.2.43 所示。

图 10.2.43　应用蒙尘与划痕滤镜前后效果对比

2. 添加杂色

利用添加杂色滤镜命令可给图像添加杂点。打开一个图像文件，选择菜单栏中的 滤镜(T) → 杂色 → 添加杂色... 命令，弹出"添加杂色"对话框。

在 **数量(A):** 文本框中输入数值，可设置添加杂点的数量。

在 **分布** 选项区中可设置杂点的分布方式，包括 ⊙ **平均分布(U)** 和 ⊙ **高斯分布(G)** 两个单选按钮。

选中 ☑ **单色(M)** 复选框，可增加图像的灰度，设置杂点的颜色为单色。

设置完成后，单击 **确定** 按钮，效果如图 10.2.44 所示。

图 10.2.44　应用添加杂色滤镜前后效果对比

3. 中间值

利用中间值滤镜命令可消除或减少图像中动感效果，使图像平滑化。打开一个图像文件，选择菜单栏中的 **滤镜(T)** → **杂色** → **中间值...** 命令，弹出"中间值"对话框。

在 **半径(R):** 文本框中输入数值，可设置图像中像素的色彩平均化。

设置完成后，单击 **确定** 按钮，效果如图 10.2.45 所示。

图 10.2.45　应用中间值滤镜前后效果对比

4. 去斑

去斑滤镜可以保留图像边缘而轻微模糊图像，从而去除较小的杂色。用户可以利用它来减少干扰或模糊过于清晰的区域，并可除去扫描图像中的波纹图案。

10.2.12　视频滤镜

视频滤镜是一组控制视频工具的滤镜，用于从摄像机输入图像或将图像输出到录像带上。

1. 逐行滤镜

逐行滤镜通过移去视频图像中的奇数或偶数隔行线，使在视频上捕捉的运动图像变得平滑。

2．NTSC 颜色滤镜

NTSC 颜色滤镜可以匹配图像色域以适合 NTSC 视频标准色域，使图像可被电视接受。

10.2.13　其他滤镜

其他滤镜组主要用于修饰图像的部分细节，同时也可以创建一些用户自定义的特殊效果。此滤镜组包括高反差保留、位移、自定、最大值和最小值 5 种。

1．高反差保留

高反差保留滤镜可以删除图像中亮度逐渐变化的部分，并保留色彩变化最大的部分。选择菜单栏中的 滤镜(T) → 其它 → 高反差保留 命令，弹出"高反差保留"对话框。

在 半径(R): 输入框中输入数值，设置像素周围的距离，输入数值范围为 0.1～250。

设置相关的参数后，单击 确定 按钮，效果如图 10.2.46 所示。

图 10.2.46　应用高反差保留滤镜前后的效果对比

2．位移

位移滤镜将根据设定值对图像进行移动，可以用来创建阴影效果。打开一个图像文件，选择菜单栏中的 滤镜(T) → 其它 → 位移 命令，弹出"位移"对话框。

在 水平(H): 输入框中输入数值，图像将以指定的数值水平移动；在 垂直(V): 输入框中输入数值，图像将以指定的数值垂直移动。

在 未定义区域 选项区中选择移动后空白区域的填充方式，包括 ⊙ 设置为背景(B) 、⊙ 重复边缘像素(R) 和 ⊙ 折回(W) 3 个单选按钮。

设置相关的参数后，单击 确定 按钮，效果如图 10.2.47 所示。

图 10.2.47　应用位移滤镜前后的效果对比

3．最大值

最大值滤镜可以在指定的搜索区域中，用像素的亮度最大值替换其他像素的亮度值，因此可以扩大图像中的亮区，缩小图像中的暗区。选择菜单栏中的 滤镜(T) → 其它 → 最大值... 命令，弹出"最大值"对话框。

在 半径(R): 输入框中输入数值，可以设置选取较暗像素的距离，

设置相关的参数后，单击 确定 按钮，效果如图 10.2.48 所示。

图 10.2.48　应用最大值滤镜前后的效果对比

4．最小值

最小值滤镜与最大值滤镜刚好相反，使用最小值滤镜可以在指定的搜索区域内用像素的亮度最小值替换其他像素的亮度值，因此可以扩大图像中的暗区，缩小图像中的亮区。选择菜单栏中的 滤镜(T) → 其它 → 最小值... 命令，弹出"最小值"对话框。

在 半径(R): 输入框中输入数值，可以设置选取较亮像素的距离。

设置相关的参数后，单击 确定 按钮，效果如图 10.2.49 所示。

图 10.2.49　应用最小值滤镜前后的效果对比

5．自定

自定滤镜可以使用户自己创建过滤器，使用滤镜修改蒙版，在图像中使选区发生位移和快速调整颜色。

10.2.14　Digimarc 滤镜

Digimarc 滤镜与其他滤镜不同，是将数字水印嵌入到图像中储存版权及其他信息，它可以在计算机或出版物中永久保存。该类命令都包含在 滤镜(T) → Digimarc 命令子菜单中，如图 10.2.50 所示。

图 10.2.50　Digimarc 滤镜子菜单

1. 嵌入水印

若要嵌入水印，必须首先向数字水印公司（该公司维护所有艺术家、设计人员和摄影师及其联系信息的数据库）注册，获得唯一的创作者 ID，然后将创作者 ID 连同版权年份或限制使用的标识符等信息一起嵌入到图像中。

默认的"水印耐久性"设置专门用于平衡大多数图像中的水印耐久性和可视性。当然，用户也可以根据图像的需要，自己调整水印耐久性的设置。低数值表示水印在图像中具有较低的可视性，耐久性也较差，而且应用滤镜效果或执行某些图像编辑、打印和扫描操作可能会损坏水印。高数值表示水印具有较高的耐久性，但可能会在图像中显示一些可见的杂色。

嵌入水印的具体操作步骤如下：

（1）打开一幅如图 10.2.51 所示的图像文件，选择菜单栏中的 滤镜(T) → Digimarc → 嵌入水印... 命令，弹出"嵌入水印"对话框，如图 10.2.52 所示。

图 10.2.51　打开图像

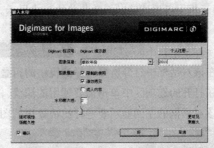

图 10.2.52　"嵌入水印"对话框

（3）将对话框的版权年份设置为"2010"，在图像属性中选中 限制的使用 和 请勿拷贝 复选框。

（4）单击 好 按钮，弹出"嵌入水印：验证"对话框，如图 10.2.53 所示。

（5）单击 好 按钮，弹出"Digimarc 增效工具更新"对话框，如图 10.2.54 所示。此时，单击 以后提醒我 按钮，即可完成水印的嵌入。

图 10.2.53　"嵌入水印：验证"对话框

图 10.2.54　"Digimarc 增效工具更新"对话框

2. 读取水印

嵌入水印后的图像会依据作者的设置差异显示在画面上。读取水印的操作步骤如下：

（1）打开设置过水印的图像，选择菜单栏中的 滤镜(T) → Digimarc → 读取水印... 命令，弹出"水印信息"对话框，如图 10.2.55 所示。

（2）在对话框中可观看该图像的属性和作者的版权年份，如果需要了解作者更多的信息，可单

击  按钮，在 http://www.digimarc.com 网站上查找。

图 10.2.55 "水印信息"对话框

10.3　应用滤镜库

　　滤镜库功能是自 Photoshop CS 以来新增的功能，它几乎将所有的滤镜效果都集成在一个面板中，用户可以很方便地在其中实现各个滤镜效果的预览、操作和参数设置等。

　　选择菜单栏中的 滤镜(T) → 滤镜库(G)... 命令，弹出"滤镜库"对话框，如图 10.3.1 所示。

　　在该对话框中各组滤镜以折叠菜单的形式显示。若要使用该对话框进行滤镜操作，具体的方法介绍如下：

　　（1）选择菜单栏中的 滤镜(T) → 滤镜库(G)... 命令，打开"滤镜库"对话框。

　　（2）在该对话框中打开所要选择滤镜组的折叠菜单。

　　（3）在打开的选项区中单击需要使用的滤镜。

　　（4）该对话框的左侧显示要进行滤镜处理的图像或滤镜效果的预览，如图 10.3.2 所示。

图 10.3.1 "滤镜库"对话框　　　　　　　　　图 10.3.2 预览滤镜修改

　　（5）该对话框的右侧显示用于设置滤镜参数的选项区，在该区域中可对滤镜效果进行设置。

　　（6）设置好相关参数后，单击 确定 按钮即可。

10.4　应用消失点滤镜

　　消失点滤镜可以创建在透视的角度下编辑图像，允许在包含透视平面的图像中进行透视校正编辑。在消失点滤镜选定的图像区域内进行克隆、喷绘、粘贴图像等操作时，操作会自动应用透视原理，按照透视的角度和比例来适应图像的修改，使修饰后的修改更加逼真。选择菜单栏中的 滤镜(T) →

消失点(V)... 命令，弹出"消失点"对话框，如图 10.4.1 所示。对话框中各选项的含义如下：

图 10.4.1　"消失点"对话框

（1）"创建平面工具"按钮 ：可以在预览编辑区的图像中单击并创建平面的 4 个点，节点之间会自动连接成透视平面，在透视平面边缘上按住"Ctrl"键拖动时，就会产生另一个与之配套的透视平面。

（2）"编辑平面工具"按钮 ：可以对创建的透视平面进行选择、编辑、移动和调整大小，存在两个平面时，按住"Alt"键拖动控制点可以改变两个平面的角度。

（3）"选框工具"按钮 ：在平面内拖动即可在平面内创建选区；按住"Alt"键拖动选区可以将选区内的图像复制到其他位置，复制的图像会自动生成透视效果；按住"Ctrl"键拖动选区可以将选区停留的图像复制到创建的选区内。

（4）"图章工具"按钮 ：与软件工具箱中的"仿制图章工具"用法相同，只是多出了修复透视区域效果，按住"Alt"键在平面内取样，松开键盘，移动鼠标到需要仿制的地方按下鼠标拖动即可复制，复制的图像会自动调整所在位置的透视效果。

（5）"画笔工具"按钮 ：使用画笔工具可以在图像内绘制选定颜色的画笔，在创建的平面内绘制的画笔会自动调整透视效果。

（6）"变换工具"按钮 ：使用变换工具可以对选区复制的图像进行调整变换，还可以将复制"消失点"对话框中的其他图像拖动到多维平面内，并可以对其进行移动和变换。

（7）"吸管工具"按钮 ：在图像中采集颜色，选取的颜色可作为画笔的颜色。

（8）"缩放工具"按钮 ：用来缩放预览区的视图，在预览区内单击会将图像放大，按住"Alt"键单击鼠标会将图像按比例缩小。

（9）"抓手工具"按钮 ：单击并拖动可在预览窗口中查看局部图像。

设置好参数后，单击 **确定** 按钮，效果如图 10.4.2 所示。

图 10.4.2　使用消失点滤镜前后的效果对比

10.5　应用液化滤镜

使用液化滤镜可以快速地将图像变形，如旋转、镜像、膨胀、放射等，从而产生特殊的溶解、扭曲效果。选择菜单栏中的 滤镜(T) → 液化(L)... 命令，弹出"液化"对话框，如图 10.5.1 所示。

其对话框中的各选项含义介绍如下：

（1）单击"向前变形"按钮 ，在图像上拖动，会使图像向拖动方向产生弯曲变形效果。

（2）单击"重建工具"按钮 ，在已发生变形的区域单击或拖动，可以使已变形图像恢复为原始状态。

（3）单击"顺时针旋转扭曲工具"按钮 ，在图像上按住鼠标时，可以使图像中的像素顺时针旋转。按住"Alt"键，在图像上按住鼠标时，可以使图像中的像素逆时针旋转。

（4）单击"褶皱工具"按钮 ，在图像上单击或拖动时，会使图像中的像素向画笔区域的中心移动，使图像产生收缩效果，如图 10.5.2 所示。

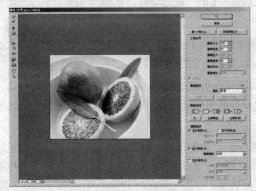

图 10.5.1　"液化"对话框　　　　　　　　　　　图 10.5.2　褶皱效果

（5）单击"膨胀工具"按钮 ，在图像上单击或拖动时，会使图像中的像素从画笔区域的中心向画笔边缘移动，使图像产生膨胀效果，该工具产生的效果正好与"褶皱工具"产生的效果相反，效果如图 10.5.3 所示。

（6）单击"左推工具"按钮 ，在图像上拖动鼠标时，图像中的像素会以相对于拖动方向左垂直的方向在画笔区域内移动，使其产生挤压效果；按住"Alt"键拖动鼠标时，图像中的像素会以相对于拖动方向右垂直的方向在画笔区域内移动，使其产生挤压效果，效果如图 10.5.4 所示。

图 10.5.3　膨胀效果　　　　　　　　　　　图 10.5.4　左推效果

（7）单击"镜像工具"按钮 ，在图像上拖动时，图像中的像素会以相对于拖动方向右垂直的方向上产生镜像效果，如图 10.5.5 所示；按住"Alt"键拖动鼠标时，图像中的像素会以相对于拖动方向左垂直的方向上产生镜像效果。

（8）单击"湍流工具"按钮，在图像上拖动时，图像中的像素会平滑地混和在一起，可以十分轻松地在图像上产生与火焰、波浪或烟雾相似的效果，如图 10.5.6 所示。

图 10.5.5　镜像效果　　　　　　　　　图 10.5.6　湍流效果

（9）单击"冻结蒙版工具"按钮，将图像中不需要变形的区域涂抹进行冻结，使涂抹的区域不受其他区域变形的影响；使用"向前变形"在图像上拖动，经过冻结的区域图像不会被变形。

（10）单击"解冻蒙版工具"按钮，在图像中冻结的区域涂抹，可以解除冻结。

（11）单击"抓手工具"按钮，当图像放大到超出预览框时，使用抓手工具可以移动图像进行查看。

（12）单击"缩放工具"按钮，可以将预览区的图像放大，按住"Alt"键单击鼠标会将图像按比例缩小。

本 章 小 结

本章主要介绍了添加滤镜特效的方法与技巧，通过本章的学习，读者应熟练掌握各种滤镜的使用属性，并能够在以后的实际操作中，创作出各种特殊的艺术图像效果。

习 题 十

一、填空题

1. 在_____和_____色彩模式下，将不允许使用艺术效果、画笔描边、素描、纹理以及视频等滤镜。

2. 大部分滤镜命令只能用于_____的图像，所有滤镜命令都可应用在_____。

3. 使用_____滤镜可以对图像进行各种扭曲和变形处理。

4. 在_____、_____和_____模式下的图像不能使用滤镜。

5. 使用_____滤镜可以快速地将图像变形，如旋转、镜像、膨胀、放射等，从而产生特殊的溶解、扭曲效果。

6. _____滤镜将随机像素应用于图像，模拟在高速胶片上拍照的效果，从而为图像添加一些细小的颗粒状像素。

二、选择题

1. 按（　）键可重复执行上次使用的滤镜。

　　（A）Ctrl+F　　　　　　　　　　　　（B）Ctrl+A

　　（C）Ctrl+Shift+F　　　　　　　　　（D）Ctrl+J

2．艺术效果滤镜仅限于（　　）色彩模式和多通道色彩模式的图像。

　　（A）RGB　　　　　　　　　　　　　（B）CMYK

　　（C）Lab　　　　　　　　　　　　　　（D）索引

3．（　　）滤镜用于为美术或商业项目制作绘画效果或艺术效果。

　　（A）素描　　　　　　　　　　　　　（B）画笔描边

　　（C）艺术效果　　　　　　　　　　　（D）风格化

4．制作风轮效果可以使用（　　）滤镜。

　　（A）挤压　　　　　　　　　　　　　（B）极坐标

　　（C）旋转扭曲　　　　　　　　　　　（D）切变

三、简答题

1．简述滤镜的使用范围。

2．如何使用液化和消失点滤镜处理图像效果？

四、上机操作

1．练习使用本章所学的滤镜知识，制作如题图 10.1 所示的雨景效果。

2．练习使用本章所学的滤镜知识，制作如题图 10.2 所示的化石图案效果。

题图　10.1　　　　　　　　　　　　　　　题图　10.2

第 11 章　行业应用实例

通过对前面章节的学习，相信读者已经掌握了 Photoshop CS5 的基本功能和操作，但是学习的最终目的是将其应用到实践中。本章将介绍几个 Photoshop 中典型实例的制作方法，通过对这些实例的学习，读者可以更加深入地了解 Photoshop CS5 软件的应用技巧。

教学目标

（1）墙画设计。

（2）结婚请柬设计。

（3）绘制手机。

（4）绘制白檀木扇子。

（5）电影海报设计。

（6）书籍封面设计。

实例 1　墙 画 设 计

1．实例分析

本例将进行墙画设计，最终效果如图 11.1.1 所示。在制作过程中，将用到自定形状工具、矩形选框工具、删除锚点工具、单行选框工具、多边形工具、橡皮擦工具、快速蒙版以及多种滤镜命令等。

图 11.1.1　最终效果图

2．操作步骤

（1）选择菜单栏中的 文件(F) → 新建(N)... 命令，弹出"新建"对话框，设置其对话框参数如图 11.1.2 所示。设置完成后，单击 确定 按钮，新建一个图像文件。

（2）按"Ctrl+O"键，打开一个图像文件，如图 11.1.3 所示。

（3）单击工具箱中的"自定形状工具"按钮 ，在新建图像中绘制一个如图 11.1.4 所示的形状路径。

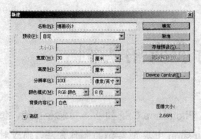

图 11.1.2　"新建"对话框

图 11.1.3　打开的素材

（4）单击工具箱中的"删除锚点工具"按钮 ，删除内部路径的锚点，效果如图 11.1.5 所示。

图 11.1.4　绘制形状路径

图 11.1.5　删除内部路径锚点

（5）按"Q"键进入快速蒙版编辑状态，然后选择菜单栏中的 滤镜(T) → 像素化 → 晶格化… 命令，弹出"晶格化"对话框，设置其对话框参数如图 11.1.6 所示。

（6）设置好参数后，单击 确定 按钮，应用晶格化滤镜效果如图 11.1.7 所示。

图 11.1.6　"晶格化"对话框

图 11.1.7　应用晶格化滤镜效果

（7）选择菜单栏中的 滤镜(T) → 像素化 → 碎片 命令，系统将自动对图形应用碎片滤镜效果，然后按"Ctrl+F"键一次，重复应用碎片滤镜，效果如图 11.1.8 所示。

（8）选择菜单栏中的 滤镜(T) → 像素化 → 马赛克… 命令，弹出"马赛克"对话框，设置其对话框参数如图 11.1.9 所示。

图 11.1.8　应用碎片滤镜效果

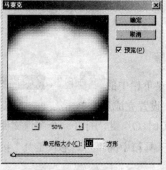

图 11.1.9　"马赛克"对话框

（9）设置好参数后，单击 确定 按钮，应用马赛克滤镜效果如图 11.1.10 所示。

（10）选择菜单栏中的 滤镜(T) → 锐化 → 锐化 命令锐化图像，然后按 "Ctrl+F" 键 8 次，对图像进行进一步锐化，效果如图 11.1.11 所示。

图 11.1.10　应用马赛克滤镜效果　　　　图 11.1.11　应用锐化滤镜效果

（11）按 "Q" 键退出快速蒙版状态，然后按 "Ctrl+Shift+I" 键反选选区，如图 11.1.12 所示。

（12）单击图层面板下方的 "新建图层" 按钮 ，新建一个图层，然后按 "Ctrl+Delete" 键，将选区填充为白色，再按 "Ctrl+D" 键取消选区，效果如图 11.1.13 所示。

图 11.1.12　反选选区　　　　　　图 11.1.13　填充选区效果

（13）按 "Ctrl+E" 键，向下合并图层。

（14）新建一个图层，然后单击工具箱中的 "多边形工具" 按钮 ，在新建图像中绘制一个八边形，效果如图 11.1.14 所示。

（15）选择菜单栏中的 编辑(E) → 变换 → 旋转 90 度(顺时针)(9) 命令，将绘制的图形进行顺时针旋转，效果如图 11.1.15 所示。

图 11.1.14　绘制八边形效果　　　　　图 11.1.15　旋转图形

（16）在工具箱中设置前景色为红色 "#b62738"、背景色为深红色 "#720a12"，然后选择菜单栏中的 滤镜(T) → 渲染 → 纤维... 命令，弹出 "纤维" 对话框，设置其对话框参数如图 11.1.16 所示。

（17）设置好参数后，单击 确定 按钮，应用纤维滤镜效果如图 11.1.17 所示。

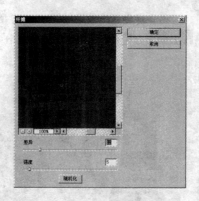

图 11.1.16　"纤维"对话框　　　　　　图 11.1.17　应用纤维滤镜效果

（18）重复步骤（15）的操作，对绘制的八边形进行顺时针 90°旋转。

（19）单击工具箱中的"矩形选框工具"按钮 ，在绘制的木纹上绘制一个矩形选区，如图 11.1.18 所示。

（20）选择菜单栏中的 选镜(T) → 扭曲 → 旋转扭曲... 命令，弹出"旋转扭曲"对话框，设置其对话框参数如图 11.1.19 所示。

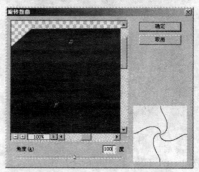

图 11.1.18　顺指针旋转八边形　　　　图 11.1.19　"旋转扭曲"对话框

（21）设置好参数后，单击 确定 按钮，应用旋转扭曲滤镜后的效果如图 11.1.20 所示。

（22）重复步骤（19）～（21）的操作，对图像中的部分木纹应用旋转扭曲滤镜，以增强木质感效果，如图 11.1.21 所示。

图 11.1.20　应用旋转扭曲滤镜效果　　　　图 11.1.21　增强木质感效果

（23）按住"Ctrl"键将木纹图层载入选区，然后选择菜单栏中的 选择(S) → 修改(M) → 收缩(C)... 命令，弹出"收缩选区"对话框，设置其对话框参数如图 11.1.22 所示。

（24）设置好参数后，单击 确定 按钮，然后按"Delete"键，删除选区内的图像，效果如图 11.1.23 所示。

图 11.1.22　"收缩选区"对话框　　　　　图 11.1.23　删除选区内的图像

（25）单击图层面板下方的"添加图层样式"按钮 **fx.**，在弹出的快捷菜单中选择 描边... 命令，弹出"图层样式"对话框，设置其对话框参数如图 11.1.24 所示。

（26）设置好参数后，单击 确定 按钮，为选区添加描边图层样式后的效果如图 11.1.25 所示。

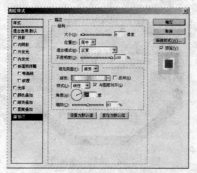

图 11.1.24　设置"描边"选项　　　　　图 11.1.25　添加描边图层样式效果

（27）重复步骤（25）和（26）的操作，为外围八边形添加斜面和浮雕效果，设置其对话框参数如图 11.1.26 所示，添加斜面和浮雕后的效果如图 11.1.27 所示。

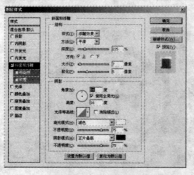

图 11.1.26　设置"斜面和浮雕"选项　　　图 11.1.27　应用斜面和浮雕效果

（28）单击工具箱中的"单行选框工具"按钮，在新建图像中绘制一个单行选区，选择菜单栏中的 选择(S) → 变换选区(T) 命令，设置其属性栏参数如图 11.1.28 所示。

X: 593.50 px　△ Y: 173.56 px　W: 20.00%　H: 100.00%　△ 25　度　H: 0.00　度 V: 0.00　度

图 11.1.28　设置变换选区属性参数

（29）按"Ctrl+M"键，弹出"曲线"对话框，在其对话框中将图像稍微调暗一点，设置其对话框参数如图 11.1.29 所示。设置好参数后，单击 确定 按钮。

（30）按方向键中的"↓"键，将选区向下移动一个像素，再将曲线稍微调亮一点，设置其对话框参数如图 11.1.30 所示。

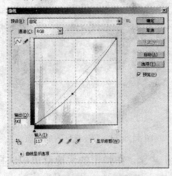

图 11.1.29　调暗图像

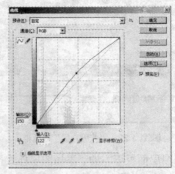

图 11.1.30　调亮图像

（31）设置好参数后，单击按钮，绘制的接缝效果如图 11.1.31 所示。

（32）重复步骤（28）～（31）的操作，绘制其他接缝，效果如图 11.1.32 所示。

图 11.1.31　绘制的接缝效果

图 11.1.32　绘制其他接缝

（33）单击工具箱中的"橡皮擦工具"按钮，擦除画框以外的其他图像，如图 11.1.33 所示。

（34）隐藏背景图层，然后按"Ctrl+Shift+Alt+E"键盖印所有可见图层为"墙画"。

（35）按"Ctrl+O"键，导入一幅背景素材，并在图层面板中将该层拖曳至墙画图层的下方，效果如图 11.1.34 所示。

图 11.1.33　擦除多余图像

图 11.1.34　导入背景素材

（36）按"Ctrl+T"键，调整墙画的大小及位置，最终效果如图 11.1.1 所示。

实例 2　结婚请柬设计

1. 实例分析

本例为结婚请柬设计，最终效果如图 11.2.1 所示。在制作过程中，将用到渐变工具、钢笔工具、橡皮擦工具、文本工具、画笔工具、自定形状工具、减淡工具以及图层样式命令等。

图 11.2.1 最终效果图

2．操作步骤

（1）选择菜单栏中的 文件(F) → 新建(N)... 命令，弹出"新建"对话框，设置其对话框参数如图 11.2.2 所示。设置好参数后，单击 确定 按钮，新建一个图像文件。

（2）设置前景色为"#f61617"、背景色为"#a80101"，然后单击工具箱中的"渐变工具"按钮，在背景中从左向右拖曳鼠标填充线性渐变，效果如图 11.2.3 所示。

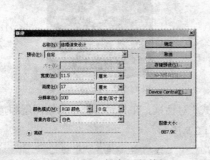

图 11.2.2 "新建"对话框   图 11.2.3 线性渐变效果

（3）单击图层面板中的"新建图层"按钮，新建图层 1。然后单击工具箱中的"自定形状工具"按钮，设置其属性栏参数如图 11.2.4 所示。

图 11.2.4 "自定形状工具"属性栏

（4）设置好参数后，按住"Shift"键，在新建图像中拖曳出设置的形状，然后按"Ctrl+Enter"键将其转换为选区。

（5）设置前景色为"cc0505"，按"Alt+Delete"填充选区，然后按住"Shift+Alt"键水平复制出一排形状图形，效果如图 11.2.5 所示。

（6）按"Ctrl+E"键，将绘制的所有形状图层合并为"图层 1"，然后按住"Shift+Alt"键垂直复制出多个形状，效果如图 11.2.6 所示。

（7）隐藏背景图层，然后选择菜单栏中的 图层(L) → 合并可见图层 命令，合并所有可见图层为"图层 1"。

（8）重复步骤（6）的操作，合并图层 1 和背景图层为"背景"图层。

（9）新建图层 1，单击工具箱中的"钢笔工具"按钮，在新建图像中绘制一个如图 11.2.7 所示的路径。

图 11.2.5　绘制形状图形　　　　　　　图 11.2.6　垂直复制绘制的形状图形

（10）单击工具箱中的"画笔工具"按钮 ，在其属性栏中设置画笔大小为"3"、形状为"圆形"，然后单击路径面板下方的"画笔描边路径"按钮 ，对绘制的路径进行画笔描边，效果如图 11.2.8 所示。

图 11.2.7　绘制路径　　　　　　　　图 11.2.8　描边路径效果

（11）双击图层 1 缩略图，弹出"图层样式"对话框，在其对话框中为该图层添加"斜面和浮雕"与"外发光"效果，设置其对话框参数如图 11.2.9 所示。

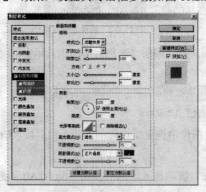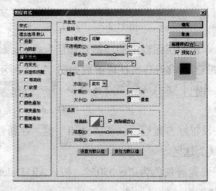

图 11.2.9　设置"斜面和浮雕"选项与"外发光"选项参数

（12）设置好参数后，单击 确定 按钮，效果如图 11.2.10 所示。

（13）复制图层 2 副本，选择菜单栏中的 编辑(E) → 变换 → 水平翻转(H) 命令，对该图层中的对象进行水平翻转，效果如图 11.2.11 所示。

（14）将背景图层作为当前可编辑图层，然后单击工具箱中的"橡皮擦工具"按钮 ，擦除背景图层中如图 11.2.12 所示的区域。

图 11.2.10 应用图层样式效果 图 11.2.11 复制并水平翻转对象

（15）新建图层 2，并将其拖曳至背景图层的下方，然后设置前景色为"淡黄色"，按"Alt+Delete"键填充图层，效果如图 11.2.13 所示。

图 11.2.12 擦除背景图层中的图像 图 11.2.13 填充图层

（16）按"Ctrl+O"键，打开一幅如图 11.2.14 所示的花素材，然后单击工具箱中的"快速选择工具"按钮 ，选取花素材中的白色区域，按"Ctrl+Shift+I"键反选选区。

（17）按"Ctrl+C"键复制选区中的内容，然后在新建图像中按"Ctrl+V"键进行粘贴，再按住"Alt"键垂直向下拖曳出多个副本。

（18）在图层面板中将图层 2 及所有的副本图层合并为"底纹"图层，然后将其拖曳至背景图层的下方。

（19）确认"底纹"图层为当前可编辑图层，然后在图层面板中设置图层混合模式为"正片叠底"、不透明度为"30%"，效果如图 11.2.15 所示。

图 11.2.14 打开的花素材 图 11.2.15 绘制底纹效果

（20）单击工具箱中的"文本工具"按钮 ，设置其属性栏参数如图 11.2.16 所示，设置好参数后，在新建图像中输入文本"永结同心"。

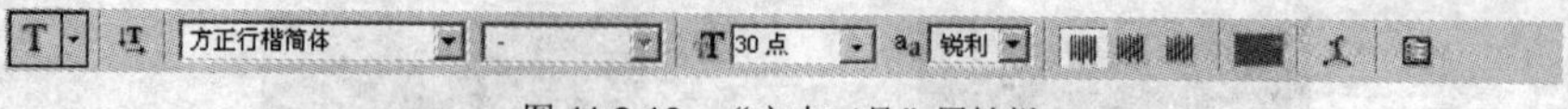

图 11.2.16　"文本工具" 属性栏

（21）重复步骤（11）和（12）的操作，为输入的文本添加"投影"和"描边"图层样式，效果如图 11.2.17 所示。

（22）使用文本工具在新建图像中输入文本"百年好合"，然后在第一个文本图层上单击鼠标右键，从弹出的快捷菜单中选择 拷贝图层样式 命令，再在新输入的文本图层上单击鼠标右键，从弹出的快捷菜单中选择 粘贴图层样式 命令，效果如图 11.2.18 所示。

图 11.2.17　输入第 1 个文本

图 11.2.18　输入第 2 个文本

（23）按"Ctrl+O"键，打开一幅喜字图片，使用工具箱中的移动工具 将其拖曳到新建图像中，并按"Ctrl+T"键调整图片的大小及位置，效果如图 11.2.19 所示。

（24）重复步骤（23）的操作，在新建图像中复制一幅花图片，效果如图 11.2.20 所示。

图 11.2.19　输入第 1 个文本

图 11.2.20　输入第 2 个文本

（25）按"Ctrl+U"键，弹出"色相/饱和度"对话框，设置其对话框参数如图 11.2.21 所示。设置好参数后，单击 确定 按钮，调整图片颜色后的效果如图 11.2.22 所示。

图 11.2.21　"色相/饱和度"对话框

图 11.2.22　调整颜色后的效果

（26）重复步骤（11）和（12）的操作，为复制的花图片添加"描边"图层样式，然后新建一个图层，使用工具箱中的钢笔工具绘制一个如图 11.2.23 所示的心形路径。

（27）按"Ctrl+Enter"键，将路径转换为选区，然后将转换后的选区填充为"黄色"，效果如图 11.2.24 所示。

图 11.2.23 绘制心形路径

图 11.2.24 填充选区

（28）使用钢笔工具把不需要的部分抠出来，转换为选区后按"Delete"键删除，只保留边缘局部即可，效果如图 11.2.25 所示。

（29）双击心形所在的图层，然后在弹出的"图层样式"对话框中为心形添加外发光效果，设置其对话框参数如图 11.2.26 所示。设置好参数后，单击 确定 按钮，效果如图 11.2.27 所示。

图 11.2.25 抠出部分心形

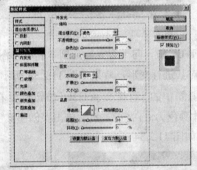

图 11.2.26 设置"外发光"选项参数

（30）复制一个心形副本，并将其拖曳至原图层的下方，然后再修改其"外发光"选项参数，如图 11.2.28 所示。设置好参数后，单击 确定 按钮，效果如图 11.2.29 所示。

图 11.2.27 抠出部分心形

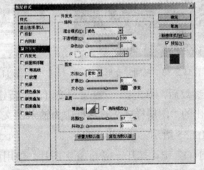

图 11.2.28 再次设置"外发光"选项参数

（31）使用钢笔工具在新建图像中绘制一个高光的形状，将其转换为选区，然后按"Shift+F6"键将选区羽化"2"像素，再将其填充为"淡黄色"，效果如图 11.2.30 所示。

图 11.2.29 外发光效果

图 11.2.30 绘制高光的形状

（32）单击工具箱中的"减淡工具"按钮 ，将绘制的高光形状中间部分稍微涂亮一些，效果如图 11.2.31 所示。

（33）重复步骤（31）和（32）的操作，再绘制几个高光形状，效果如图 11.2.32 所示。

图 11.2.31 绘制高光效果

图 11.2.32 绘制其他高光效果

（34）按"Ctrl+E"键，向下合并心形副本和心形图层为"心形"图层，然后复制一个心形副本，并按"Ctrl+T"键对其进行变形，效果如图 11.2.33 所示。

（35）单击工具箱中的"直排文字工具"按钮 ，在其属性栏中设置字体为"方正粗活意简体"、字号为"40"、字体颜色为"白色"，然后单击"创建文字变形"按钮 ，弹出"变形文字"对话框，设置其对话框参数如图 11.2.34 所示。

图 11.2.33 复制并变形心形

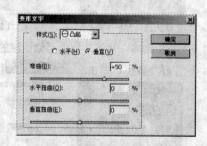
图 11.2.34 "变形文字"对话框

（36）设置好参数后，单击 确定 按钮，在新建图像中输入文本"请柬"，然后双击文本图层的缩略图，在弹出的"图层样式"对话框中为输入的文本添加斜面和浮雕、渐变叠加以及描边图层样式，效果如图 11.2.35 所示。

（37）按"Ctrl+O"键，打开一幅 Q 喜字图片，使用移动工具将其拖曳到新建图像中，并调整其大小及位置，效果如图 11.2.36 所示。

（38）双击 Q 喜字图层的缩略图，在弹出的"图层样式"对话框中为图片添加斜面和浮雕图层样式，最终效果如图 11.2.1 所示。

图 11.2.35　输入并编辑文本　　　　　　图 11.2.36　复制图片

实例 3　绘 制 手 机

1．实例分析

本例将绘制手机，最终效果如图 11.3.1 所示。在制作过程中，将用到圆角矩形工具、渐变工具、加深工具、减淡工具、文本工具、直线工具、滤镜以及图层样式等。

图 11.3.1　最终效果图

2．操作步骤

（1）选择菜单栏中的 文件(F) → 新建(N)… 命令，弹出"新建"对话框，设置其对话框参数如图 11.3.2 所示。设置好参数后，单击 确定 按钮，新建一个图像文件。

（2）新建图层 1，单击工具箱中的"圆角矩形工具"按钮 ，在新建图像中绘制一个圆角半径为"20"像素的圆角矩形，效果如图 11.3.3 所示。

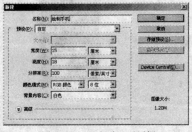

图 11.3.2　"新建"对话框　　　　　　图 11.3.3　绘制圆角矩形

（3）单击工具箱中的"渐变工具"按钮 ，设置其属性栏参数如图 11.3.4 所示。

图 11.3.4　"渐变工具"属性栏

（4）设置好参数后，在绘制的圆角矩形上方从左向右拖曳鼠标填充渐变，效果如图 11.3.5 所示。

（5）复制图层 1 为图层 1 副本，按"Ctrl+T"键出现变形调节点，然后按住"Shift+Alt"键将其以中心为基点缩小一定的大小。

（6）重复步骤（5）的操作，创建图层 1 副本 2 并对其进行变形和填充，如图 11.3.6 所示。

图 11.3.5　渐变填充效果　　　　　　　图 11.3.6　复制并更改圆角矩形属性

（7）双击图层 1 副本的缩略图，弹出"图层样式"对话框，设置其对话框参数如图 11.3.7 所示。

（8）设置好参数后，单击 ▢ 确定 ▢ 按钮，添加描边图层样式后的效果如图 11.3.8 所示。

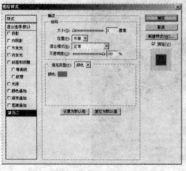  

图 11.3.7　设置"描边"选项　　　　　　图 11.3.8　添加描边图层样式效果

（9）单击工具箱中的"加深工具"按钮 🖲，在添加描边后的圆角矩形下方进行涂抹，以加深颜色的显示效果，如图 11.3.9 所示。

（10）新建图层 2，设置前景色为深灰色"#4e4e4d"，单击工具箱中的"矩形选框工具"按钮 ▢，在新建图像中绘制一个矩形选区，然后按"Alt+Delete"键填充选区，效果如图 11.3.10 所示。

图 11.3.9　加深局部颜色效果　　　　　　图 11.3.10　绘制手机屏幕

（11）选择菜单栏中的 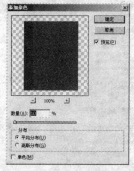 命令，弹出"添加杂色"对话框，设置其对话框参数如图 11.3.11 所示。

（12）选择菜单栏中的 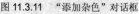 命令，弹出"中间值"对话框，设置其对话框参数如图 11.3.12 所示。

图 11.3.11　"添加杂色"对话框　　　　　图 11.3.12　"中间值"对话框

（13）设置好参数后，单击 确定 按钮，应用滤镜后的效果如图 11.3.13 所示。

（14）设置前景色为银灰色，单击工具箱中的"圆角矩形工具"按钮 ，在其属性栏中选中"路径填充"按钮 ，在新建图像中绘制出手机听筒的外形，效果如图 11.3.14 所示。

图 11.3.13　应用滤镜效果　　　　图 11.3.14　绘制手机听筒外形

（15）单击工具箱中的"横排文字工具"按钮 ，在其属性栏中设置文本字体为"方正粗倩简体"、字号为"8"、文本颜色为"白色"，然后在绘制的听筒下方输入文本"NOKIA"，效果如图 11.3.15 所示。

（16）新建图层 3，按住"Shift"键，使用工具箱中的圆角矩形工具在新建图像中绘制一个填充色为机身颜色的圆角矩形，效果如图 11.3.16 所示。

图 11.3.15　输入文本　　　　图 11.3.16　绘制并填充圆角矩形

（17）复制图层 3 为图层 3 副本，按住"Shift+Alt"键，将复制的圆角矩形以中心缩小，然后将其转换为选区后填充为黑色，效果如图 11.3.17 所示。

（18）再复制一个图层 3 副本，重复步骤（17）的操作将其缩小一定的大小，然后双击该层，弹出"图层样式"对话框，为其添加斜面和浮雕效果，设置其对话框参数如图 11.3.18 所示。

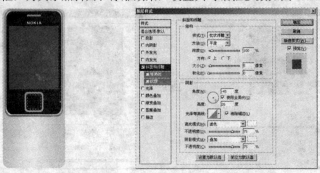

图 11.3.17　复制并填充圆角矩形　　　图 11.3.18　设置"斜面和浮雕"参数

（19）设置好参数后，单击　　确定　　按钮，添加斜面和浮雕图层样式后的效果如图 11.3.19 所示。

（20）按"Ctrl+E"键向下合并图层 3 的所有图层，然后单击工具箱中的"减淡工具"按钮，对图层 3 中的图形表面进行涂抹，以突出显示手机菜单按钮的立体感，效果如图 11.3.20 所示。

图 11.3.19　添加斜面和浮雕效果　　　图 11.3.20　绘制手机菜单按钮

（21）新建图层 4，使用圆角矩形工具绘制一个圆角半径为"6"像素、填充色为"黑色"的圆角矩形，然后重复步骤（7）和（8）的操作，为图层 4 添加斜面和浮雕效果，如图 11.3.21 所示。

（22）复制图层 4 为图层 4 副本，然后重复步骤（17）的操作，缩小并更改圆角矩形的颜色，效果如图 11.3.22 所示。

图 11.3.21　为圆角矩形添加斜面和浮雕效果　　　图 11.3.22　复制并更改小圆角矩形效果

（23）按住"Ctrl"键分别选中图层 4 和图层 4 副本，然后单击图层面板下方的"链接图层"按钮 ，链接两个图层。

（24）将链接后的图层复制 3 次，分别更改小圆角矩形的颜色并排列其位置，如图 11.3.23 所示。

（25）新建图层 5，使用圆角矩形工具绘制一个圆角半径为"10"像素、填充色为机身颜色的圆角矩形，并对其进行描边，效果如图 11.3.24 所示。

图 11.3.23　复制并排列矩形　　　　　　图 11.3.24　绘制并描边圆角矩形

（26）复制图层 5 为图层 5 副本，然后重复步骤（17）的操作，以中心缩小复制的圆角矩形，并使用减淡工具 在圆角矩形的周围进行涂抹，效果如图 11.3.25 所示。

（27）新建图层 6，单击工具箱中的"直线工具"按钮 ，按住"Shift"键，在圆角矩形上方绘制 5 条直线，效果如图 11.3.26 所示。

图 11.3.25　绘制并涂抹圆角矩形　　　　图 11.3.26　绘制直线

（28）新建图层 7，重复步骤（27）的操作，在新建图像中绘制一条短直线，并为其添加斜面和浮雕效果，如图 11.3.27 所示。

（29）复制两个图层 7 副本，并调整其位置，效果如图 11.3.28 所示。

图 11.3.27　绘制并编辑直线效果　　　　图 11.3.28　复制并移动直线

（30）单击工具箱中的"横排文字工具"按钮 T，在属性栏中设置好文本后，分别在绘制的按键上方输入文字，效果如图 11.3.29 所示。

（31）隐藏背景图层，按"Ctrl+Alt+Shift+E"键盖印所有可见图层为图层 8，然后双击该图层，弹出"图层样式"对话框，设置其对话框参数如图 11.3.30 所示。

图 11.3.29　输入文本

图 11.3.30　设置"斜面和浮雕"参数

（32）设置好参数后，单击 确定 按钮，添加斜面和浮雕图层样式后的效果如图 11.3.31 所示。

（33）复制一个图层 8 副本，并按"Ctrl+T"键将其旋转一定的角度。

（34）按"Ctrl+O"键打开一幅图片将其复制到新建图像中，并移至图片图层到图层 8 的下方，效果如图 11.3.32 所示。

图 11.3.31　绘制手机立体感效果

图 11.3.32　复制手机图形并添加背景图片

（35）选择菜单栏中的 滤镜(T) → 渲染 → 镜头光晕... 命令，弹出"镜头光晕"对话框，设置其对话框参数如图 11.3.33 所示。

图 11.3.33　"镜头光晕"对话框

（36）设置好参数后，单击 确定 按钮，最终效果如图 11.3.1 所示。

实例 4　绘制白檀木扇子

1．实例分析

本例将绘制白檀木扇子，最终效果如图 11.4.1 所示。在制作过程中，将用到钢笔工具、矩形选框工具、椭圆选框工具、自定形状工具、渐变工具以及图像与滤镜命令等。

图 11.4.1　最终效果图

2．操作步骤

（1）选择菜单栏中的 文件(F) → 新建(N)... 命令，弹出"新建"对话框，设置其对话框参数如图 11.4.2 所示。设置好参数后，单击 确定 按钮，新建一个图像文件。

（2）双击背景图层，将其重命名为"扇骨"图层，然后选择菜单栏中的 滤镜(T) → 杂色 → 添加杂色... 命令，弹出"添加杂色"对话框，设置其对话框参数如图 11.4.3 所示。

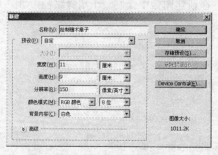

图 11.4.2　"新建"对话框

图 11.4.3　"添加杂色"对话框

（3）设置好参数后，单击 确定 按钮，为背景图层应用添加杂色滤镜后的效果如图 11.4.4 所示。

（4）选择菜单栏中的 滤镜(T) → 模糊 → 动感模糊... 命令，弹出"动感模糊"对话框，设置其对话框参数如图 11.4.5 所示。

（5）设置好参数后，单击 确定 按钮，然后按"Ctrl+F"键 3 次，重复使用动感模糊滤镜，效果如图 11.4.6 所示。

（6）选择菜单栏中的 图像(I) → 调整(A) → 亮度/对比度(C)... 命令，在弹出的"亮度/对比度"对话框中设置亮度为"-13"、对比度为"18"，以调整图像的亮度。

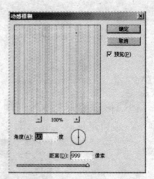

图 11.4.4　应用添加杂色滤镜效果　　　　　图 11.4.5　"动感模糊"对话框

（7）选择菜单栏中的 图像(I) → 调整(A) → 变化… 命令，弹出"变化"对话框，设置其选项如图 11.4.7 所示。

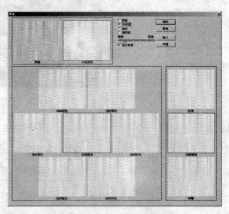

图 11.4.6　应用添加杂色滤镜效果　　　　　图 11.4.7　"变化"对话框

（8）设置好参数后，单击 确定 按钮，调整图像变化后的效果如图 11.4.8 所示。

（9）单击工具箱中的"钢笔工具"按钮，在新建图像中绘制一个扇骨路径，如图 11.4.9 所示。

图 11.4.8　调整图像变化后的效果　　　　　图 11.4.9　绘制扇骨的路径

（10）按"Ctrl+Enter"键将路径转换为选区，然后在矩形选框工具的属性栏中选中"从选区减去"按钮，在转换后的选区上方绘制 3 个小矩形，以制作扇子的边缘花型。

（11）在椭圆选框工具属性栏中选中"添加到选区"按钮，然后在转换后的选区下方绘制一个椭圆形选区，效果如图 11.4.10 所示。

（12）按"Ctrl+Shift+I"键反选选区，然后按"Delete"键删除选区中的内容，再按"Ctrl+D"键取消选区。

（13）单击图层面板下方的"新建图层"按钮 ，新建一个名称为"背景"的图层，然后将其填充为黑色，并将其拖曳到扇骨图层的下方，效果如图 11.4.11 所示。

图 11.4.10　编辑选区　　　　　　　　图 11.4.11　绘制扇骨

（14）复制一个扇骨图层副本，然后按"Ctrl+O"键打开两幅带有花纹的图案，将其拖曳到新建图像中，并按"Ctrl+T"键调整其大小及位置，效果如图 11.4.12 所示。

（15）分别将复制的花纹图片载入选区，然后将扇骨图层作为当前图层，按"Delete"键删除选区中的内容，再删除复制的两个花纹图片所在的图层，效果如图 11.4.13 所示。

图 11.4.12　复制花纹图片　　　　　　图 11.4.13　制作扇骨镂空花纹效果

（16）单击工具箱中的"自定形状工具"按钮 ，在扇骨上方的适当位置绘制 3 个花纹路径，并将其转换为选区，删除选区中的内容，效果如图 11.4.14 所示。

（17）将扇骨副本图层作为当前图层，然后重复步骤（14）～（18）操作，制作另一个扇骨镂空图案，效果如图 11.4.15 所示。

图 11.4.14　绘制其他镂空花纹　　　　图 11.4.15　制作另一个扇骨

（18）隐藏扇骨图层，然后双击扇骨副本图层，弹出"图层样式"对话框，设置其对话框参数如图 11.4.16 所示。设置好参数后，单击 确定 按钮。

（19）单击图层面板下方的"新建图层组"按钮 ，新建一个图层组，然后将扇骨副本图层拖曳到该组中。

（20）确认扇骨副本图层为当前图层，按"Ctrl+T"键，在变形工具属性栏中将旋转角度设置为"-5"，并将其中心点移至如图 11.4.17 所示的位置，然后按"Ctrl+Enter"键确认变形操作。

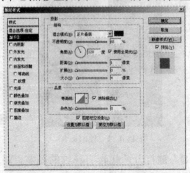

图 11.4.16　设置"投影"选项参数

图 11.4.17　旋转扇骨图形

（21）按"Ctrl+Shift+Alt+T"键，重复多次使用变形效果，得到的效果如图 11.4.18 所示。

（22）显示扇骨图层，并将其移至图层组的上方，然后按"Ctrl+T"键，将其与左边的扇骨拼接在一起。

（23）复制一个扇骨图层，并将其移至组图层的下方，然后选择菜单栏中的 编辑(E) → 变换 → 水平翻转(H) 命令，对复制的扇骨图层进行水平翻转，再将其移至适当的位置，效果如图 11.4.19 所示。

图 11.4.18　复制并旋转扇骨效果

图 11.4.19　复制并水平翻转扇骨效果

（24）在图层面板中合并除背景图层以外的所有图层为"扇面"图层，然后选择菜单栏中的 图像(I) → 调整(A) → 变化… 命令，弹出"变化"对话框，设置其选项如图 11.4.20 所示。

（25）设置好参数后，单击 确定 按钮，调整扇面变化后的效果如图 11.4.21 所示。

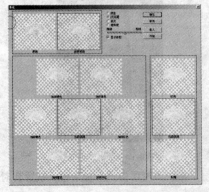

图 11.4.20　"变化"对话框

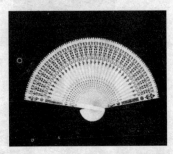

图 11.4.21　调整扇面变化后的效果

（26）新建一个名称为"螺丝钉"的图层，然后单击工具箱中的"椭圆选框工具"按钮 🔘，按住"Shift"键的同时在扇面下方绘制一个圆形选区。

（27）单击渐变工具属性栏中的"渐变编辑器"按钮 ▭，弹出"渐变编辑器"对话框，设置其对话框参数如图 11.4.22 所示。设置好参数后，单击 确定 按钮。

（28）在圆形选区中从左上角向右下角拖曳鼠标填充线性渐变，效果如图 11.4.23 所示。

图 11.4.22 "渐变编辑器"对话框

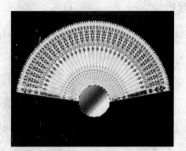

图 11.4.23 渐变填充选区效果

（29）按"Ctrl+D"键取消选区，然后复制一个"螺丝钉"副本图层。

（30）将螺丝钉副本图层载入选区，然后按"Ctrl+T"键使选区周围出现调节框，再按住"Shift+Alt"键的同时以中心缩小选区。

（31）使用渐变工具 🔲 对缩小后的选区进行径向渐变填充，效果如图 11.4.24 所示。

（32）双击螺丝钉副本图层，弹出"图层样式"对话框，设置其对话框选项如图 11.4.25 所示。设置好参数后，单击 确定 按钮。

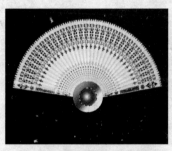

图 11.4.24 缩小并填充圆形选区

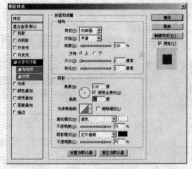

图 11.4.25 设置"斜面和浮雕"选项参数

（33）合并螺丝钉所在的图层，并将其调整为如图 11.4.26 所示的大小，然后打开一幅中国结图片，如图 11.4.27 所示。

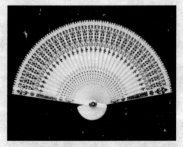

图 11.4.26 绘制的螺丝钉效果

图 11.4.27 打开的中国结图片

（34）使用工具箱中的移动工具将其拖曳到新建图像中，并在图层面板中将其移至螺丝钉图层的下方，然后使用背景橡皮擦工具擦除中国结图片中的白色背景，最终效果 11.4.1 所示。

实例 5　电影海报设计

1．实例分析

本例将设计一份电影海报，最终效果如图 11.5.1 所示。在制作过程中，将用到移动工具、渐变工具、文本工具、画笔工具、滤镜、曲线以及图层样式命令等。

图 11.5.1　最终效果图

2．操作步骤

（1）选择菜单栏中的 文件(E) → 新建(N)... 命令，弹出"新建"对话框，设置其对话框参数如图 11.5.2 所示。设置好参数后，单击 确定 按钮，新建一个图像文件。

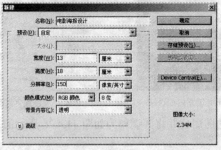

图 11.5.2　"新建"对话框

（2）单击工具箱中的"渐变工具"按钮 ，在其属性栏中单击 按钮，在弹出的"渐变编辑器"对话框中设置第 1 个色块的值为"#97c9ca"、第 2 个色块的值为"0a4d56"、第 3 个色块的值为"061e1e"，然后选中"径向填充"按钮 ，如图 11.5.3 所示。

图 11.5.3　"渐变工具"属性栏

（3）设置好参数后，在背景图层中从上向下拖曳鼠标填充渐变，效果如图 11.5.4 所示。

（4）单击图层面板下方的"新建图层"按钮 ，新建一个名称为"云彩"的图层。

（5）设置前景色为第 2 个色块的色值、背景色为黑色，然后选择菜单栏中的 滤镜(T) → 渲染 →

命令，对当前图层应用云彩滤镜效果，如图 11.5.5 所示。

图 11.5.4　渐变填充效果　　　　　　图 11.5.5　应用云彩滤镜效果

（6）在图层面板中将云彩图层的图层模式设置为"颜色减淡"，效果如图 11.5.6 所示。

（7）按"Ctrl+O"键，打开一幅电影素材，如图 11.5.7 所示。

图 11.5.6　设置图层模式效果　　　　　图 11.5.7　打开的电影图片

（8）使用移动工具将电影图片拖曳到新建图像中，并按"Ctrl+T"键调整其大小及位置，效果如图 11.5.8 所示。

（9）选择菜单栏中的 图像(I) → 调整(A) → 色相/饱和度(H)... 命令，弹出"色相/饱和度"对话框，设置其对话框参数如图 11.5.9 所示。

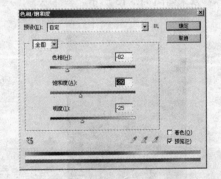

图 11.5.8　复制并调整图片　　　　　图 11.5.9　"色相/饱和度"对话框

（10）设置好参数后，单击 确定 按钮，调整电影图片后的效果如图 11.5.10 所示。

（11）在图层面板中将电影图片的图层模式设置为"滤色"，效果如图 11.5.11 所示。

图 11.5.10　调整图片颜色效果　　　　　图 11.5.11　更改图层模式效果

（12）单击图层面板下方的"添加图层蒙版"按钮 ，为电影图片图层添加图层蒙版。

（13）设置前景色为黑色，单击工具箱中的"画笔工具"按钮，在图片重叠的边缘处进行涂抹，以使图片合成的更加自然，效果如图 11.5.12 所示。

（14）按"Ctrl+O"键，打开一幅太空图片，如图 11.5.13 所示。

图 11.5.12　合成图片效果　　　　　图 11.5.13　打开的太空图片

（15）使用移动工具将打开的太空图片拖曳到新建图像中，然后重复步骤（11）的操作，更改其图层模式，效果如图 11.5.14 所示。

（16）重复步骤（12）和（13）的操作，在人物图像上进行涂抹，以突出显示人物图像，并涂抹其他部分图像，效果如图 11.5.15 所示。

图 11.5.14　复制图像效果　　　　　图 11.5.15　突出显示人物图像

（17）新建一个图层，设置前景色为白色，单击工具箱中的"画笔工具"按钮，在新建图像中绘制出多条线，效果如图 11.5.16 所示。

（18）选择菜单栏中的 滤镜(T) → 模糊 → 动感模糊... 命令，弹出"动感模糊"对话框，设置其对话框参数如图 11.5.17 所示。

图 11.5.16　绘制多条线　　　　　　图 11.5.17　"动感模糊"对话框

（19）设置好参数后，单击 确定 按钮，对线条应用动感模糊后的效果如图 11.5.18 所示。

（20）按"Ctrl+Shift+Alt+E"键，盖印所有可见图层为"海报"图层，并隐藏其他图层。

（21）按"Ctrl+M"键，弹出"曲线"对话框，设置其对话框参数如图 11.5.19 所示。

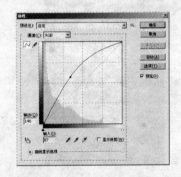

图 11.5.18　应用动感模糊滤镜效果　　　　图 11.5.19　"曲线"对话框

（22）设置好参数后，单击 确定 按钮，调整海报亮度后的效果如图 11.5.20 所示。

（23）单击工具箱中的"横排文字工具"按钮 T，在其属性栏中设置文本字体为"方正粗活意简体"、字号为"40"、文本颜色为"白色"，然后在新建图像中输入电影名称，如图 11.5.21 所示。

图 11.5.20　调整海报亮度后的效果　　　　图 11.5.21　输入电影名称

（24）在文本图层上单击鼠标右键，从弹出的快捷菜单中选择 栅格化文字 命令，将文本图层转换为普通图层。

（25）双击转换后的文本图层，弹出"图层样式"对话框，设置其对话框参数如图 11.5.22 所示。

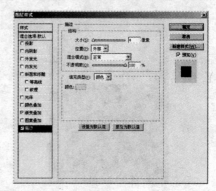

图 11.5.22　设置"渐变叠加"和"描边"选项参数

（26）设置好参数后，单击 确定 按钮，为文字添加图层样式后的效果如图 11.5.23 所示。

（27）选中横排文字工具 T ，在其属性栏中设置文本字体为"方正粗倩简体"、字号为"18"、文本颜色为"藏蓝色"，然后在电影的中文名称下方输入英文名称，如图 11.5.24 所示。

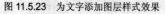

图 11.5.23　为文字添加图层样式效果　　　　　图 11.5.24　输入电影英文名称

（28）使用文本工具在海报最上方输入文本"2012 开篇之作 精彩呈现"，如图 11.5.25 所示。

（29）使用文本工具在电影名称上方输入电影的内容简介，如图 11.5.26 所示。

图 11.5.25　输入文本　　　　　　　　　图 11.5.26　输入电影的内容简介

（30）使用文本工具在海报的下方输入电影的导演、主演以及类别内容，效果如图 11.5.27 所示。

（31）使用文本工具在海报的最下方输入电影的上映时间，如图 11.5.28 所示。

图 11.5.27 电影的相关内容　　　　图 11.5.28 输入电影的上映时间

（32）单击文本工具属性栏中的"变形文字"按钮 ，弹出"变形文字"对话框，设置其对话框参数如图 11.5.29 所示。

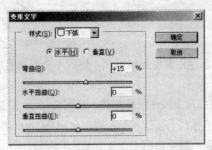

图 11.5.29 "变形文字"对话框

（33）设置好参数后，单击 确定 按钮，变形文字后的最终效果如图 11.5.1 所示。

实例 6　书籍封面设计

1. 实例分析

本例为书籍封面设计，最终效果如图 11.6.1 所示。在制作过程中将用到椭圆选框工具、矩形选框工具、文本工具、自定形状工具、直线工具、图层蒙版、字符面板、路径面板、置入命令以及图层样式等。

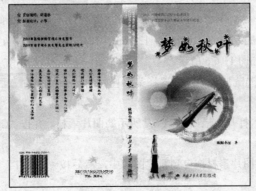

图 11.6.1 最终效果图

2．操作步骤

（1）选择菜单栏中的 文件(F) → 新建(N)... 命令，弹出"新建"对话框，设置其对话框参数如图 11.6.2 所示。设置好参数后，单击 确定 按钮，新建一个图像文件。

（2）按"Ctrl+K"键，弹出"首选项"对话框，设置其对话框参数如图 11.6.3 所示，设置好参数后，单击 确定 按钮。

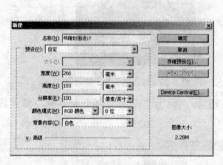

图 11.6.2　"新建"对话框　　　　　　　　图 11.6.3　"首选项"对话框

（3）按"Ctrl+R"键，在新建图像中显示标尺，然后单击工具箱中的"缩放工具"按钮 🔍，放大标尺的显示刻度。

（4）使用移动工具在垂直标尺上按住鼠标左键，分别在 3mm 和 263mm 位置拖曳出两条垂直辅助线。然后使用移动工具在水平标尺上按住鼠标左键，分别在 3mm 和 190mm 的位置拖曳出两条水平辅助线，即可设置好出血位置，效果如图 11.6.4 所示。

（5）在垂直标尺的 125mm 和 141mm 位置建立两条垂直辅助线，以设置书脊的宽度，效果如图 11.6.5 所示。

图 11.6.4　设置出血位置　　　　　　　　图 11.6.5　设置书脊的宽度

（6）分别在水平标尺的 52mm，109mm，138mm，184mm 位置建立 4 条辅助线，以更好地定位文字与图片的位置，效果如图 11.6.6 所示。

（7）按"Ctrl+R"键隐藏标尺，然后选择菜单栏中的 视图(V) → 锁定参考线(G) 命令，固定辅助线的位置。

（8）按"Ctrl+O"键，打开一幅如图 11.6.7 所示的图片素材，并按"Ctrl+M"键，在弹出的"曲线"对话框中调整其亮度。

（9）使用移动工具将图片素材拖曳到新建图像中，然后按"Ctrl+T"键调整其大小及位置，效果如图 11.6.8 所示。

图 11.6.6　创建 4 条辅助线　　　　　　　　　　　图 11.6.7　打开的图片素材

（10）按 "Ctrl+O" 键，打开一幅水墨图案，使用工具箱中的魔术橡皮擦工具 擦除图片的背景，效果如图 11.6.9 所示。

图 11.6.8　复制图片并调整其大小和位置　　　　　　图 11.6.9　擦除图片背景

（11）重复步骤（9）的操作，将水墨图片拖曳到新建图像中，效果如图 11.6.10 所示。

（12）选择菜单栏中的 图像(I) → 调整(A) → 色相/饱和度(H)... 命令，弹出 "色相/饱和度" 对话框，设置其对话框参数如图 11.6.11 所示。

图 11.6.10　复制水墨图片　　　　　　图 11.6.11　 "色相/饱和度" 对话框

（13）设置好参数后，单击 确定 按钮，调整水墨图片色相与饱和度后的效果如图 11.6.12 所示。

（14）在图层面板中将水墨图片的图层模式设置为 "深色"、不透明度设置为 "80%"，效果如图 11.6.13 所示。

（15）重复步骤（8）和（9）的操作，在新建图像中导入一幅毛笔素材，如图 11.6.14 所示。

图 11.6.12　调整水墨图片颜色后的效果　　　　图 11.6.13　更改图层模式和透明度后的效果

（16）选择菜单栏中的 图像(I) → 调整(A) → 黑白(K)... 命令，弹出"黑白"对话框，设置其对话框参数如图 11.6.15 所示。设置好参数后，单击 确定 按钮，调整毛笔图片色调后的效果如图 11.6.16 所示。

图 11.6.14　复制一幅毛笔图片　　　　　　　图 11.6.15　"黑白"对话框

（17）打开一幅云彩图片，将其拖曳到新建图像中，效果如图 11.6.17 所示。

图 11.6.16　调整毛笔图片的色调效果　　　　图 11.6.17　复制一幅云彩图片

（18）选择菜单栏中的 图像(I) → 调整(A) → 色相/饱和度(H)... 命令，弹出"色相/饱和度"对话框，设置其对话框参数如图 11.6.18 所示。设置好参数后，单击 确定 按钮，调整云彩图片后的效果如图 11.6.19 所示。

（19）单击图层面板下方的"添加图层蒙版"按钮 ，为天空图片所在的图层添加一个图层蒙版，然后单击工具箱中的"渐变工具"按钮 ，在天空图片上方由上向下拖曳出一个黑色到白色的线性渐变，效果如图 11.6.20 所示。

图 11.6.18　"色相/饱和度"对话框

图 11.6.19　复制一幅云彩图片

（20）隐藏背景图层，然后按"Ctrl+Shift+Alt+E"键盖印可见图层为"封面"图层，此时的图层面板如图 11.6.21 所示。

图 11.6.20　合成图片效果

图 11.6.21　盖印图层效果

（21）显示背景图层，然后单击工具箱中的"横排文字工具"按钮 T，设置其属性栏参数如图 11.6.22 所示。

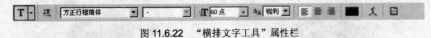

图 11.6.22　"横排文字工具"属性栏

（22）设置好参数后，在新建图像中输入书的名称，效果如图 11.6.23 所示。

（23）双击文字图层，弹出"图层样式"对话框，设置其对话框参数如图 11.6.24 所示。

图 11.6.23　输入书名

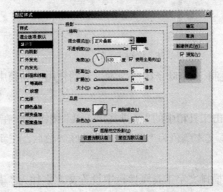

图 11.6.24　设置"投影"选项参数

（24）在弹出的"图层样式"对话框中为图层添加"描边"样式，设置其对话框参数如图 11.6.25 所示。

（25）设置好参数后，单击 确定 按钮，为文字添加投影和描边后的效果如图 11.6.26 所示。

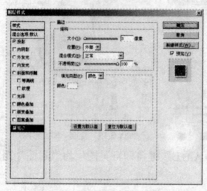

图 11.6.25　设置"描边"选项参数　　　　图 11.6.26　为文字添加投影和描边效果

（26）新建一个名称为"叶子"的图层，然后单击工具箱中的"自定形状工具"按钮，设置其属性栏参数如图 11.6.27 所示。

图 11.6.27　"自定形状工具"属性栏

（27）设置好参数后，在新建图像中绘制一个如图 11.6.28 所示的叶子。

（28）在文字图层上单击鼠标右键，从弹出的快捷菜单中选择 拷贝图层样式 命令，然后在叶子图层上单击鼠标右键，从弹出的快捷菜单中选择 粘贴图层样式 命令，将复制的图层样式粘贴到该图层上，效果如图 11.6.29 所示。

图 11.6.28　绘制叶子图形　　　　图 11.6.29　为叶子添加阴影和描边效果

（29）复制 3 个叶子图层副本，分别使用工具箱中的移动工具将其移至适当的位置，效果如图 11.6.30 所示。

（30）单击工具箱中的"横排文字工具"按钮，在其属性栏中设置文本字体为"文鼎 CS 大宋"、字号为"11"、文本颜色为"黑色"，设置好参数后，在新建图像中输入作者的名称，效果如图 11.6.31 所示。

（31）在横排文字工具属性栏中设置文本字体为"华文中宋"、字号为"10"、文字颜色为"红色"，设置好参数后，在封面的上方输入如图 11.6.32 所示的文本信息。

图 11.6.30 复制并移动叶子

图 11.6.31 输入作者

（32）选择菜单栏中的 文件(F) → 置入(L)... 命令，在新建图像中置入出版社的名称，如图 11.6.33 所示。

图 11.6.32 在封面上方输入有关书籍的信息

图 11.6.33 置入出版社名称

（33）单击工具箱中的"矩形选框工具"按钮 ⬚，在封底区域绘制一个与其同样大小的矩形选区，然后在路径面板中单击"从选区生成工作路径"按钮 △，将选区转换为路径。

（34）选择菜单栏中的 文件(F) → 置入(L)... 命令，将打开的第一幅图片置入到路径中，然后按住"Ctrl"键单击路径面板中工作路径的缩略图将其载入选区，如图 11.6.34 所示。

（35）单击图层面板下方的"添加图层蒙版"按钮 ▢，对选区添加图层蒙版，然后解除蒙版与图片缩略图之间的链接，调整置入图片的位置，并设置其不透明度为"80%"、填充为"70%"，效果如图 11.6.35 所示。

图 11.6.34 将路径转换为选区

图 11.6.35 添加图层蒙版效果

（36）复制一个书名文字副本，然后在字符面板中更改文字的大小，再单击面板右上方的"字符面板菜单"按钮▓▓▓，从弹出的快捷菜单中选择 更改文本方向 命令，效果如图 11.6.36 所示。

（37）分别复制作者名称和封面左上角的文字图层，然后重复步骤（36）的操作，更改文字的属性，效果如图 11.6.37 所示。

図 11.6.36　复制书名并更改其属性　　　　图 11.6.37　复制封面中的其他文字信息

（38）重复步骤（32）的操作，在书脊的最下方置入出版社的名称，效果如图 11.6.38 所示。

（39）复制一个云彩图层副本，并按"Ctrl+T"键调整图片的大小及位置，将其作为书籍的封底，效果如图 11.6.39 所示。

图 11.6.38　制作的书脊　　　　　图 11.6.39　复制图片并调整其大小

（40）使用横排文字工具在封底输入责任编辑和封面设计的名称，如图 11.6.40 所示。

（41）新建一个图层，使用自定形状工具在封底的左上方绘制两个花朵图形，如图 11.6.41 所示。

图 11.6.40　输入名称　　　　　　图 11.6.41　绘制花朵

（42）使用直排文字工具在新建图像中输入有关书籍内容的诗句，如图 11.6.42 所示。

（43）新建一个图层，使用自定形状工具在封底一个叶子图形，然后按住"Alt"键拖曳出多个副本，并更改其透明度，效果如图 11.6.43 所示。

图 11.6.42　输入文字　　　　　　　　　　图 11.6.43　绘制叶子

（44）复制封面左上方的文字副本，然后在字符面板中更改其属性，并将其移至如图 11.6.44 所示的位置。

（45）新建一个图层，使用椭圆选框工具在直排文字的左上方绘制一个长条椭圆选区，并将其填充为白色，然后再复制一个副本，将其移至文本的右下方，效果如图 11.6.45 所示。

图 11.6.44　复制并移动文字　　　　　　　图 11.6.45　绘制长条椭圆形

（46）重复步骤（32）的操作，在封底的左下方置入一个条形码，效果如图 11.6.46 所示。

（47）使用横排文字工具在封底的右下方输入书号及书的价格，如图 11.6.47 所示。

图 11.6.46　置入条形码　　　　　　　　　图 11.6.47　输入书排号及价格

（48）单击工具箱中的"直线工具"按钮，按住"Shift"键，在书号与价格文字之间绘制一个条直线，效果如图 11.6.48 所示。

图 11.6.48　绘制直线

（49）按"Ctrl+;"键，隐藏新建图像中的参考线，最终效果如图 11.6.1 所示。

第 12 章 上 机 实 验

实验 1　图形图像处理的基础知识

1．实验目的

（1）掌握图像处理的基本概念。

（2）掌握色彩模式的相互转换。

（3）熟悉 Photoshop CS5 的工作界面。

2．实验内容

本例首先将图片的 RGB 模式转换为灰度模式，然后将其存储为 Photoshop CS5 的默认格式，如图 12.1.1 所示。

图 12.1.1　最终效果图

3．操作步骤

（1）选择 开始 → 所有程序(P) → es Adobe Photoshop CS5 命令，启动 PhotoshopCS5 应用程序。

（2）在 Photoshop CS5 工作界面的灰色区域中双击鼠标左键，在弹出的"打开"对话框中选中如图 12.1.2 所示的 JPEG 图片。

（3）单击 打开(0) 按钮，即可将选中的图片导入到 Photoshop CS5 工作界面中，如图 12.1.3 所示。

图 12.1.2　"新建"对话框

图 12.1.3　打开图片

（4）选择菜单栏中的 图像(I) → 模式(M) → 灰度(G) 命令，弹出如图 12.1.4 所示的信息框。

（5）单击 扔掉 按钮，即可将 RGB 模式转换为灰度模式，效果如图 12.1.5 所示。

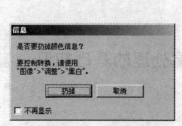

图 12.1.4　信息框　　　　　　　　　　　　　　图 12.1.5　转换后的灰度模式

（6）选择菜单栏中的 文件(F) → 存储(S) 命令，弹出如图 12.1.6 所示的"JPEG 选项"对话框，单击 确定 按钮，关闭该对话框。

（7）选择菜单栏中的 文件(F) → 存储为(A)... 命令，弹出"存储为"对话框，设置其对话框参数如图 12.1.7 所示。

图 12.1.6　"JPEG 选项"对话框　　　　　　　图 12.1.7　"存储为"对话框

（8）设置好参数后，单击 保存(S) 按钮，最终效果如图 12.1.1 所示。

实验 2　Photoshop CS5 的基本操作

1．实验目的

（1）掌握文件的基本操作。

（2）掌握辅助工具的使用方法。

（3）掌握调整图像和画布尺寸的方法。

（4）掌握图像的编辑方法。

2．实验内容

本例将制作一个 2 英寸的证件照，最终效果如图 12.2.1 所示。

3．操作步骤

（1）选择菜单栏中的 文件(F) → 新建(N)... 命令，新建一个图像文件。

图 12.2.1　最终效果图

（2）选择菜单栏中的 编辑(E) → 首选项(N) → 单位与标尺(U)... 命令，弹出"首选项"对话框，设置其对话框参数如图 12.2.2 所示。设置好参数后，单击 确定 按钮，关闭该对话框。

（3）按"Ctrl+R"键显示标尺，然后使用工具箱中的缩放工具 放大显示标尺的刻度，再将鼠标指针移至标尺的左上角上，按住鼠标左键向中心拖曳重新定位标尺的原点，效果如图 12.2.3 所示。

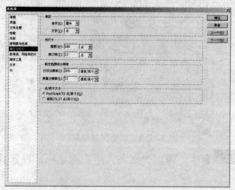

图 12.2.2　"首选项"对话框

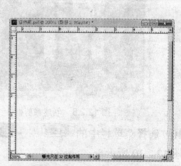

图 12.2.3　重新定位标尺的原点

（4）分别使用鼠标指针从水平和垂直标尺上拖曳出两条参考线到标尺的 0 厘米位置，如图 12.2.4 所示。

（5）在垂直标尺的 3.3 厘米位置建立一条垂直参考线，然后在水平标尺的 4.8 厘米建立一条水平参考线，效果如图 12.2.5 所示。

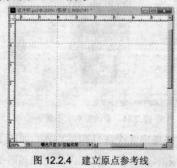

图 12.2.4　建立原点参考线

图 12.2.5　确定整个证件照的尺寸

（6）按"Ctrl+O"键，打开一幅如图 12.2.6 所示的照片。

（7）按"Ctrl+A"键全选图片，然后按"Ctrl+C"键复制选区中的图片。

（8）在新建图像中按"Ctrl+V"键粘贴复制的图片，并按"Ctrl+T"键，调整图片的大小及位置，效果如图 12.2.7 所示。

图 12.2.6　打开的照片

图 12.2.7　复制照片到新建图像中

（9）单击工具箱中的"裁剪工具"按钮 ，沿参考线拖曳出一个矩形选框，如图 12.2.8 所示。按"Enter"键，确认裁剪操作，效果如图 12.2.9 所示。

图 12.2.8　创建裁剪框

图 12.2.9　裁剪图像效果

（10）选择菜单栏中的 图像(I) → 画布大小(S)... 命令，弹出"画布大小"对话框，设置其对话框参数如图 12.2.10 所示。

（11）设置好参数后，单击 确定 按钮，然后按"Ctrl+Delete"键，将背景图层填充为白色，效果如图 12.2.11 所示。

图 12.2.10　"画布大小"对话框

图 12.2.11　更改画布大小效果

（12）按住"Alt"键，使用移动工具在新建图像中拖曳出 3 个证件照的副本，如图 12.2.12 所示。

（13）合并证据照所在的图层后，重复步骤（10）和（11）的操作，再次更改画布的大小，设置"画布大小"对话框参数如图 12.2.13 所示。

（14）设置好参数后，单击 确定 按钮，即可完成 3R 证件照的制作，最终效果如图 12.2.1 所示。

图 12.2.12 复制并移动证件照效果　　　　图 12.2.13 "画布大小"对话框

实验 3　图像的选取与编辑

1．实验目的

（1）掌握图像选取的方法与技巧。

（2）掌握选区内图像的各种编辑方法。

2．实验内容

本例将绘制风景画，最终效果如图 12.3.1 所示。

图 12.3.1 最终效果图

3．操作步骤

（1）按"Ctrl+O"键，打开两个图像文件，如图 12.3.2 所示。

图 12.3.2 打开的图像文件

（2）使用工具箱中的磁性套索工具 和魔棒工具 ，抠出人物的图像，然后按"Ctrl+Shift+I"

键反选选区，删除选区内图像。

（3）按住"Ctrl"键的同时，单击图层面板中人物图像的缩略图，将人物图像载入选区，效果如图如图 12.3.3 所示。

（4）按"Ctrl+C"键复制选区内图像，然后切换到风车图像中，按"Ctrl+V"键对其进行粘贴，并调整其大小及位置，效果如图 12.3.4 所示。

图 12.3.3　抠出人物图像

图 12.3.4　合成图像效果

（5）单击图层面板下方的"新建图层"按钮 ，新建一个名称为"彩虹"的图层。

（6）单击工具箱中的"渐变工具"按钮 ，在其属性栏中单击 按钮，弹出"渐变编辑器"对话框，设置其对话框参数如图 12.3.5 所示。

（7）设置好参数后，单击 确定 按钮，然后在打开的风车图片中从下往上拖曳出一个径向渐变效果，如图 12.3.6 所示。

图 12.3.5　"渐变编辑器"对话框

图 12.3.6　径向渐变效果

（8）使用工具箱中的魔棒工具 选取图像中的红色区域，并将其删除，如图 12.3.7 所示。

（9）使用矩形选框工具 绘制一个矩形选区，然后删除选区内图像，效果如图 12.3.8 所示。

图 12.3.7　删除红色区域

图 12.3.8　绘制并删除矩形选区内的图像

（10）按"Ctrl+D"键，取消选区。然后选择菜单栏中的 滤镜(T) → 模糊 → 动感模糊... 命令，弹出"动感模糊"对话框，设置其对话框参数如图 12.3.9 所示。

（11）设置好参数后，单击 _____ 确定 _____ 按钮，应用动感模糊滤镜后的效果如图 12.3.10 所示。

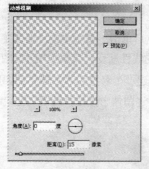

图 12.3.9 "动感模糊"对话框　　　　　　图 12.3.10 应用动感模糊效果

（12）在图层面板中将彩虹图层的不透明度设置为"20%"，效果如图 12.3.11 所示。

图 12.3.11 绘制的彩虹

（13）单击工具箱中的"橡皮擦工具"按钮 ，在被彩虹图形覆盖住的风车和房屋图像上进行涂抹，以显示出该图像，最终效果如图 12.3.1 所示。

实验 4　绘图与修图工具的使用

1．实验目的

（1）掌握绘图工具的使用方法。

（2）掌握填充工具的使用方法。

2．实验内容

本例将制作晶莹剔透的水珠果，最终效果如图 12.4.1 所示。

图 12.4.1 最终效果图

3. 操作步骤

（1）按"Ctrl+N"键，新建一个图像文件。

（2）设置前景色为"#0580ac"、背景色为"#ffffff"，然后单击工具箱中的"渐变工具"按钮，在新建图像的左下角向右上角拖曳出一个前景色到背景色的线性渐变，效果如图 12.4.2 所示。

（3）单击图层面板下方的"新建图层"按钮，新建一个名称为"水珠"的图层。

（4）单击工具箱中的"椭圆选框工具"按钮，在新建图像中按住"Shift"键绘制一个圆形选区，并将其填充为"#0a93bd"，效果如图 12.4.3 所示。

图 12.4.2　线性渐变效果　　　　　　图 12.4.3　绘制并填充圆形选区

（5）新建一个图层，设置前景色为"#91d5e2"，然后单击工具箱中的"画笔工具"按钮，在其属性栏中设置画笔直径为"60"像素、硬度为"0%"，在水珠的左下方涂抹，效果如图 12.4.4 所示。

（6）选中椭圆选框工具，在其属性栏中单击"从选区减去"按钮，然后在新建图像中绘制一个如图 12.4.5 所示的选区，从选区中减去后的效果如图 12.4.6 所示。

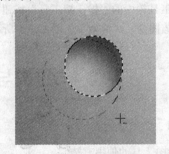

图 12.4.4　制作高亮效果　　　　　　图 12.4.5　绘制大圆选区

（7）按"Shift+F6"键，弹出"羽化选区"对话框，设置其对话框参数如图 12.4.7 所示，设置好参数后，单击　确定　按钮。

图 12.4.6　选区相减后的效果　　　　　图 12.4.7　"羽化选区"对话框

（8）新建一个图层，按"Ctrl+Delete"键将选区填充为"白色"，并在图层面板中设置其不透明度为"77%"，效果如图 12.4.8 所示。

（9）新建一个图层，设置前景色为"# ffffff"，然后单击工具箱中的"画笔工具"按钮，在其属性栏中设置画笔直径为"8"像素、硬度为"0%"，在水珠的右上方绘制一个如图 12.4.9 所示的弧线图形。

图 12.4.8 羽化并填充选区效果　　　　图 12.4.9 绘制高光

（10）新建一个图层，重复步骤（4）的操作，在新建图像中绘制一个圆形选区，然后使用画笔直径为"8"像素的画笔工具在选区中涂抹，效果如图 12.4.10 所示。

（11）新建一个图层，并将其移至水珠图层的下方，然后使用椭圆选框工具在新建图像中绘制一个椭圆选区，并将其填充为白色，效果如图 12.4.11 所示。

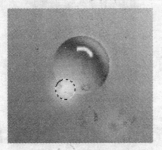

图 12.4.10 涂抹选区效果　　　　图 12.4.11 绘制并填充椭圆

（12）双击椭圆图层的缩览图，弹出"图层样式"对话框，设置其对话框参数如图 12.4.12 所示。

（13）设置好参数后，单击　确定　按钮，应用渐变叠加样式后的效果如图 12.4.13 所示。

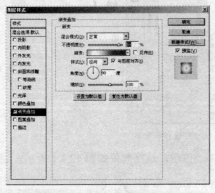

图 12.4.12 设置"渐变叠加"选项参数　　　图 12.4.13 对椭圆添加图层样式后的效果

（14）选中除背景图层以外的所有图层，然后按"Ctrl +E"键合并图层为"水珠"图层。

（15）按住"Alt"键，在新建图像中拖曳出多个水珠副本，并按"Ctrl+T"键调整其大小及位置，效果如图 12.4.14 所示。

（16）选择菜单栏中的　文件(F)　→　置入(L)...　命令，在新建图像中置入一个叶子图片，按"Enter"

键确认操作，效果如图 12.4.15 所示。

图 12.4.14　复制并调整水珠副本

图 12.4.15　置入图片

（17）在图层面板中将叶子图层移至背景图层的上方，然后设置叶子的图层模式为"正片叠底"，效果如图 12.4.16 所示。

（18）分别选中叶子图像和阴影图像上的 3 个水珠图层，按"Ctrl+U"键，弹出"色相/饱和度"对话框，在其对话框中调整各图像的色彩，效果如图 12.4.17 所示。

图 12.4.16　更改图层模式效果

图 12.4.17　调整图像色彩效果

（19）将背景图层作为当前图层，然后选择菜单栏中的 滤镜(T) → 渲染 → 镜头光晕... 命令，弹出"镜头光晕"对话框，设置其对话框参数如图 12.4.18 所示。

图 12.4.18　调整图像色彩效果

（20）设置好参数后，单击 确定 按钮，最终效果如图 12.4.1 所示。

实验 5　图像色彩与色调的调整

1. 实验目的

（1）掌握调整图像色彩命令的使用方法。

（2）掌握调整图像色调命令的使用方法。

2．实验内容

本例将普通图片处理为非主流图片效果，最终效果如图 12.5.1 所示。

图 12.5.1 最终效果图

3．操作步骤

（1）按"Ctrl+O"键，打开一幅如图 12.5.2 所示的图片，然后选择 图像(I) → 模式(M) → CMYK 颜色(C) 命令，将图片转换为 CMYK 模式。

（2）按"Ctrl+M"键，弹出"曲线"对话框，设置其对话框参数如图 12.5.3 所示，设置好参数后，单击 确定 按钮。

图 12.5.2 打开的图片

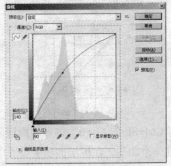

图 12.5.3 "曲线"对话框

（3）选择 图层(L) → 新建调整图层(J) → 通道混合器(X)... 命令，打开通道混合器面板，设置其面板参数如图 12.5.4 所示。

图 12.5.4 通道混合器面板

（4）在图层面板中将调整图层的图层模式设置为"柔光"，然后单击工具箱中的"渐变工具"按钮，从图片的中心到右下角拖曳出一个黑色到白色的径向渐变。

（5）设置前景色为黑色，单击工具箱中的"画笔工具"按钮，用画笔在桃花上进行涂抹，效果如图 12.5.5 所示。

图 12.5.5　使用通道混合器调整图层效果

（6）选择 图层(L) → 新建调整图层(J) → 色彩平衡(B)... 命令，打开色彩平衡面板，设置其面板参数如图 12.5.6 所示，调整图片后的效果如图 12.5.7 所示。

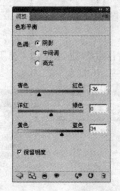

图 12.5.6　色彩平衡面板　　　　图 12.5.7　调整色彩平衡效果

（7）按"Ctrl+Shift+Alt+E"键盖印图层，然后将图片转换为 RGB 模式。

（8）新建一个图层，在图层面板中设置图层混合模式为"正片叠底"，不透明度为"70%"。

（9）重复步骤（4）的操作，在图像中拖曳出一个白色到黑色的径向渐变，然后单击图层面板下方的"添加图层蒙版"按钮，使用画笔工具在桃花上进行涂抹，效果如图 12.5.8 所示。

图 12.5.8　使用色彩平衡调整图层效果

（10）重复步骤（7）的操作，盖印可见图层，然后选择 滤镜(T) → 渲染 → 光照效果... 命令，弹出"光照效果"对话框，设置其对话框参数如图 12.5.9 所示，设置好参数后，单击 确定 按钮，关闭该对话框。

（11）单击图层面板下方的"添加图层蒙版"按钮 ，使用画笔工具在桃花上过亮的位置进行涂抹，效果如图 12.5.10 所示。

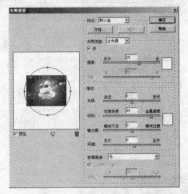

图 12.5.9　"光照效果"对话框　　　　图 12.5.10　显示出过亮的桃花图案

（12）选择 滤镜(T) → 模糊 → 高斯模糊... 命令，弹出"高斯模糊"对话框，设置其对话框参数如图 12.5.11 所示。设置好参数后，单击 确定 按钮，关闭该对话框。

（13）选择 编辑(E) → 渐隐高斯模糊(D)... 命令，弹出"渐隐"对话框，设置其对话框参数如图 12.5.12 所示。

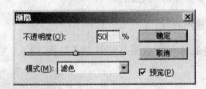

图 12.5.11　"高斯模糊"对话框　　　　图 12.5.12　"渐隐"对话框

（14）设置好参数后，单击 确定 按钮，然后单击图层面板下方的"添加图层蒙版"按钮 ，使用画笔工具在桃花上进行涂抹，以清楚地显示图片效果，如图 12.5.13 所示。

（15）盖印图层，然后选择 图像(I) → 应用图像(Y)... 命令，弹出"应用图像"对话框，设置其对话框参数如图 12.5.14 所示。

图 12.5.13　清楚显示图片效果　　　　图 12.5.14　"应用图像"对话框

（16）选择 图层(L) → 新建调整图层(J) → 色阶(L)... 命令，打开色阶面板，设置其面板参数如图 12.5.15 所示。

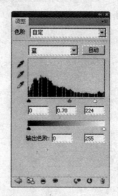

图 12.5.15 使用色阶调整图层效果

（17）增强图片的对比度后，使用黑色的画笔在桃花的高光位置进行涂抹，最终效果如图 12.5.1 所示。

实验 6　图层与蒙版的使用

1．实验目的

（1）掌握图层面板的使用方法。
（2）掌握图层的运用技巧。
（3）掌握蒙版的运用技巧。

2．实验内容

本例将制作相框效果，最终效果如图 12.6.1 所示。

图 12.6.1　最终效果图

3．操作步骤

（1）按"Ctrl+O"键，打开一幅人物图片素材，效果如图 12.6.2 所示。
（2）按"Ctrl+J"键，复制两个图层副本，如图 12.6.3 所示。

图 12.6.2 打开的图片

图 12.6.3 复制图层

（3）将背景图层作为当前图层，然后设置前景色为"白色"，按"Alt+Delete"键填充背景，效果如图 12.6.4 所示。

（4）隐藏图层 1 副本，在图层面板中将图层 1 的不透明度设置为"35%"，效果如图 12.6.5 所示。

图 12.6.4 将背景图层填充为白色

图 12.6.5 更改图层不透明度效果

（5）显示图层 1 副本，单击工具箱中的"矩形选框工具"按钮 ⬚，在人物图片上方绘制一个矩形选区，如图 12.6.6 所示。

（6）按"Ctrl+Shift+I"键，反选选区，然后按"Delete"键删除选区内图像，效果如图 12.6.7 所示。

图 12.6.6 绘制矩形选区

图 12.6.7 反选并删除选区内图像

（7）反选选区，选择菜单栏中的 编辑(E) → 描边(S)... 命令，弹出"描边"对话框，设置其对话框参数如图 12.6.8 所示。

（8）设置好参数后，单击 确定 按钮，然后按"Ctrl+D"键取消选区，描边后的图像效果如图 12.6.9 所示。

图 12.6.8　"描边"对话框　　　　图 12.6.9　描边选区效果

（9）双击图层 1 副本缩略图，弹出"图层样式"对话框，设置其对话框参数如图 12.6.10 所示。

（10）设置好参数后，单击 确定 按钮，添加斜面和浮雕后的效果如图 12.6.11 所示。

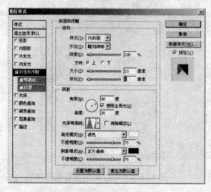

图 12.6.10　"斜面和浮雕"对话框　　　图 12.6.11　添加斜面和浮雕样式的效果

（11）确认图层 1 副本为当前图层，单击图层面板下方的"创建新的填充或调整图层"按钮 ，从弹出的快捷菜单中选择 曲线… 命令，打开曲线面板，设置其面板参数如图 12.6.12 所示，调整曲线后的图像效果如图 12.6.13 所示。

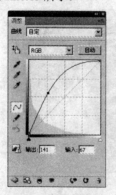

图 12.6.12　曲线面板　　　　图 12.6.13　调整曲线后的图像效果

（12）设置前景色为黑色，单击工具箱中的"画笔工具"按钮 ，使用画笔在人物图像上进行涂抹，效果如图 12.6.14 所示。

图 12.6.14 突出显示人物图像

（13）将图层 1 作为当前图层，单击图层面板下方的"添加图层样式"按钮 fx.，在弹出的快捷菜单中选择 斜面和浮雕... 命令，然后在弹出的"图层样式"对话框中设置样式为"枕状浮雕"、方法为"雕刻清晰"、深度为"300"、大小为"98"，得到的最终效果如图 12.6.1 所示。

实验 7 通道的使用

1．实验目的

（1）掌握通道面板的使用方法。

（2）掌握通道的运用技巧。

2．实验内容

本例将使用通道抠出婚纱图像效果，最终效果如图 12.7.1 所示。

图 12.7.1 最终效果图

3．操作步骤

（1）按"Ctrl+O"键，打开一幅婚纱图片，如图 12.7.2 所示。

（2）单击工具箱中的"新建图层"按钮 ⅃ 3 次，在背景图层上方新建 3 个空白图层。

（3）分别选中图层面板中新建的 3 个图层，然后将 3 个图层的图层模式设置为"滤色"。

（4）将图层 1 作为当前图层，然后按住"Ctrl"键的同时单击红色通道，将其载入选区。

图 12.7.2 打开的图像及通道面板

（5）设置前景色为红色，然后按"Alt+Delete"键填充选区，再取消选区，效果如图 12.7.3 所示。

图 12.7.3 将选区填充为红色

（6）重复步骤（4）和（5）的操作，将绿色通道载入选区，并将其填充为绿色，效果如图 12.7.4 所示。

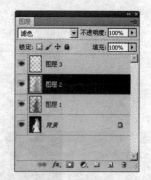

图 12.7.4 将选区填充为绿色

（7）重复步骤（4）和（5）的操作，将蓝色通道载入选区，并将其填充为蓝色，效果如图 12.7.5 所示。

（8）按住"Shift"键，选中新建的 3 个图层，然后按"Ctrl+E"键合并图层。

（9）按"Ctrl+O"键，打开一幅海景图片，使用工具箱中的移动工具将其拖曳到人物图片中，并调整其大小及位置，效果如图 12.7.6 所示。

（10）复制一个背景图层副本，并在图层面板中将其移至最上方，然后将图层模式设置为"**滤色**"。

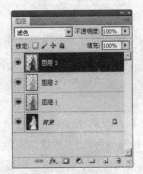

图 12.7.5 将选区填充为蓝色

（11）再次复制一个背景图层副本，然后在图层面板中将其拖曳至最上方，并设置其图层模式为"正片叠底"，效果如图 12.7.7 所示。

图 12.7.6 复制的海边图片   图 12.7.7 正片叠底效果

（12）按"Q"键添加快速蒙版，然后使用画笔工具抹出背景和婚纱，最终效果如图 12.7.1 所示。

实验8 路径与动作的使用

1．实验目的

（1）掌握多边形工具的使用方法。

（2）掌握路径的绘制与编辑技巧。

2．实验内容

本例将绘制足球，最终效果如图 12.8.1 所示。

图 12.8.1 最终效果图

3. 操作步骤

（1）按"Ctrl+N"键，新建一个图像文件。

（2）新建图层 1，单击工具箱中的"多边形工具"按钮 ，设置其属性栏参数如图 12.8.2 所示。

图 12.8.2　"多边形工具"属性栏

（3）设置好参数后，在新建图像中绘制一个六边形，然后单击路径面板下方的"画笔描边"按钮 ，将绘制的路径描边为"2"像素的灰色，效果如图 12.8.3 所示。

（4）单击画笔工具属性栏中的"画笔面板"按钮 ，在弹出的画笔面板中将画笔的间距增大两个间隔，然后重复步骤（3）的操作，对路径进行描边，效果如图 12.8.4 所示。

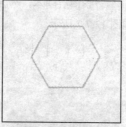

图 12.8.3　绘制并描边路径　　　　　　图 12.8.4　增大间距描边路径

（5）按住"Alt"键，在新建图像中垂直向下拖曳出一个图层 1 副本。

（6）将图层 1 作为当前图层，然后单击工具箱中的"魔棒工具"按钮 ，在六边形内部单击选取图像，然后将其填充为黑色，效果如图 12.8.5 所示。

（7）重复步骤（5）的操作，复制出多个六边形，效果如图 12.8.6 所示。

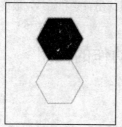
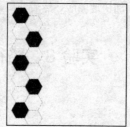

图 12.8.5　将选取填充为黑色　　　　　　图 12.8.6　复制六边形

（8）隐藏背景图层，按"Ctrl+Shift+Alt+E"键盖印可见图层为图层 2。

（9）显示背景图层，然后按住"Alt"键向右水平拖曳出 3 个副本图层，效果如图 12.8.7 所示。

（10）合并除背景图层以外的所有图层为"图案"图层，然后使用工具箱中的"椭圆选框工具"按钮 ，在新建图像中绘制一个圆形选区，如图 12.8.8 所示。

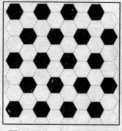
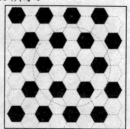

图 12.8.7　水平复制图像　　　　　　图 12.8.8　绘制圆形选区

（11）在图案图层的下方新建一个名称为"球体"的图层，然后单击工具箱中的"渐变工具"按

钮 ，对选区进行白色到黑色的径向渐变填充，效果如图 12.8.9 所示。

（12）保持选区将图案图层作为当前图层，然后选择菜单栏中的 滤镜(T) → 扭曲 → 球面化… 命令，弹出"球面化"对话框，设置其对话框参数如图 12.8.10 所示。设置好参数后，单击 确定 按钮。

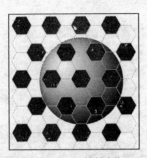

图 12.8.9　绘制球体

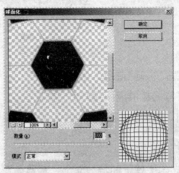

图 12.8.10　"球面化"对话框

（13）重复步骤（12）的操作，为球体图层应用球面化滤镜效果。

（14）将球体图层作为当前图层，然后将图案图层载入选区，按"Ctrl+J"键，复制出一个名称为"图案副本"的图层。

（15）将球体图层载入选区，然后按"Ctrl+Shift+I"反选选区，分别删除图案和图案副本中球体以外的图案，效果如图 12.8.11 所示。

（16）双击图案副本图层，弹出"图层样式"对话框，设置其对话框参数如图 12.8.12 所示。设置好参数后，单击 确定 按钮，效果如图 12.8.13 所示。

图 12.8.11　绘制足球

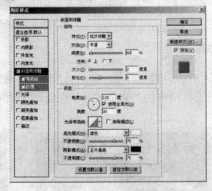

图 12.8.12　"图层样式"对话框

（17）合并所有的足球图层，然后为其应用添加杂色滤镜效果，得到的效果如图 12.8.14 所示。

图 12.8.13　修饰球面效果

图 12.8.14　"添加杂色"对话框

（18）选择菜单栏中的 文件(F) → 置入(L)... 命令，在新建图像中置入一幅背景图片，最终效果如图 12.8.1 所示。

实 验 9　文 字 处 理

1．实验目的

（1）掌握文本工具的使用方法。

（2）熟悉字符面板的应用技巧。

（3）掌握制作特效文字的方法。

2．实验内容

本例将制作高尔夫球上的特效文字，最终效果如图 12.9.1 所示。

图 12.9.1　最终效果图

3．操作步骤

（1）按"Ctrl+O"键，打开一幅高尔夫图片，效果如图 12.9.2 所示。

（2）单击工具箱中的"文字工具"按钮 T，在高尔夫球上输入文字"高尔夫"，如图 12.9.3 所示。

图 12.9.2　打开的图片　　　　　　　　图 12.9.3　输入文字

（3）按住"Ctrl"键，单击图层面板中文字的缩略图，将文字载入选区，然后选择 选择(S) → 存储选区(V)... 命令，弹出"存储选区"对话框，其参数值为默认值，再单击 确定 按钮，将文字选区保存在 Alpha 1 通道中，如图 12.9.4 所示。

（4）单击通道面板下方的"创建新通道"按钮 ，创建一个 Alpha 2 通道。

（5）保持文字选区，按"Shift+F6"键，在弹出的"羽化选区"对话框中设置羽化半径为"5"，设置好参数后，单击 确定 按钮，羽化选区后的效果如图 12.9.5 所示。

图 12.9.4 存储选区

（6）设置前景色为白色，然后按"Alt+Delete"键填充选区，效果如图 12.9.6 所示。

图 12.9.5 羽化"Alpha 2"通道   图 12.9.6 填充羽化后的"Alpha 2"通道

（7）按"Ctrl+D"键取消选区，选择菜单栏中的 滤镜(T) → 像素化 → 彩色半调... 命令，弹出的"彩色半调"对话框，设置其对话框参数如图 12.9.7 所示。

（8）设置好参数后，单击 确定 按钮，应用彩色半调滤镜后的 Alpha 2 通道效果如图 12.9.8 所示。

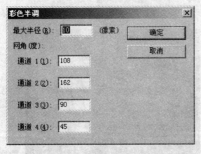

图 12.9.7 "彩色半调"对话框   图 12.9.8 应用彩色半调滤镜后的效果

（9）切换到图层面板，然后选择文字所在的图层，选择菜单栏中的 图层(L) → 栅格化(Z) → 文字(T) 命令，将文字层转换为普通层。

（10）将文字图层载入选区，然后选择菜单栏中的 选择(S) → 修改(M) → 收缩(C)... 命令，在弹出的"收缩选区"对话框中将 收缩量(C): 设置为"5"，效果如图 12.9.9 所示。

（11）选择菜单栏中的 滤镜(T) → 渲染 → 光照效果... 命令，在弹出的"光照效果"对话框中的 纹理通道: 下拉列表中选择"Alpha 2"通道、在 强度: 数值框中输入"71"、在 材料: 输入框中输入"-50"、在 环境: 输入框中输入"21"，如图 12.9.10 所示。

（12）设置好参数后，单击 确定 按钮，应用光照效果滤镜后的效果如图 12.9.11 所示。

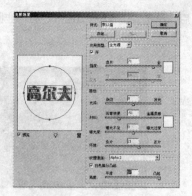

图 12.9.9　收缩选区效果　　　　　　　　图 12.9.10　"光照效果"对话框

（13）单击工具箱中的"椭圆选框工具"按钮 ，在新建图像中绘制一个与高尔夫球同样大小的圆形选区，如图 12.9.12 所示。

图 12.9.11　应用光照效果滤镜后的效果　　　　图 12.9.12　绘制的圆形选区

（14）选择菜单栏中的 `滤镜(T)` → `扭曲` → `球面化...` 命令，弹出"球面化"对话框，设置其对话框参数如图 12.9.13 所示。

（15）设置好参数后，单击 `确定` 按钮，应用球面化滤镜后的效果如图 12.9.14 所示。

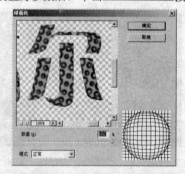

图 12.9.13　"球面化"对话框　　　　　图 12.9.14　应用球面化后的滤镜效果

（16）单击图层面板下方的"创建新的填充或调整图层"按钮 ，从弹出的快捷菜单中选择 `渐变映射...` 命令，效果如图 12.9.15 所示。

（17）设置前景色为黑色，单击工具箱中的"画笔工具"按钮 ，在新建图像中的文字上涂抹出多个斜线，效果如图 12.9.16 所示。

（18）双击文字图层缩略图，在弹出的"图层样式"对话框中选中 `☑斜面和浮雕` 选项，在右侧设置其样式为"枕状浮雕"、方法为"雕刻清晰"，为文字图层添加斜面和浮雕图层样式后的最终效果如图 12.9.1 所示。

图 12.9.15 应用渐变映射效果

图 12.9.16 涂抹文字效果

实验 10 添加滤镜特效

1. 实验目的

（1）掌握各种滤镜命令的特效。

（2）掌握将滤镜应用于图像的技巧。

2. 实验内容

本例将制作水墨画效果，最终效果如图 12.10.1 所示。

图 12.10.1 最终效果图

3. 操作步骤

（1）按"Ctrl+O"键，打开一幅荷花图片，效果如图 12.10.2 所示。

（2）按"Ctrl+J"键，复制图层 1，然后选择菜单栏中的 图像(I) → 调整(A) → 去色(D) 命令，去除图像的颜色，效果如图 12.10.3 所示。

图 12.10.2 打开的图片

图 12.10.3 去除图像颜色

（3）选择菜单栏中的 图像(I) → 调整(A) → 反相(I) 命令，效果如图 12.10.4 所示。

（4）选择菜单栏中的 滤镜(T) → 模糊 → 高斯模糊... 命令，弹出"高斯模糊"对话框，设置其对话框参数如图 12.10.5 所示，设置好参数后，单击 确定 按钮。

图 12.10.4　反相图像效果　　　　图 12.10.5　"高斯模糊"对话框

（5）选择菜单栏中的 滤镜(T) → 画笔描边 → 喷溅... 命令，弹出"喷溅"对话框，设置其对话框参数如图 12.10.6 所示。

（6）设置好参数后，单击 确定 按钮，应用喷溅滤镜后的图像效果如图 12.10.7 所示。

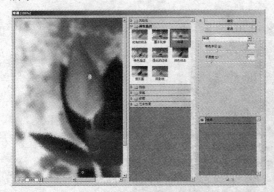

图 12.10.6　"喷溅"对话框　　　　图 12.10.7　应用喷溅滤镜效果

（7）在图层面板中将背景图层副本的图层混合模式设置为"明度"。

（8）按"Ctrl+M"键，使用"曲线"对话框将荷花图片调暗一些，效果如图 12.10.8 所示。

（9）选择菜单栏中的 图像(I) → 调整(A) → 亮度/对比度(C)... 命令，弹出"亮度/对比度"对话框，设置其参数如图 12.10.9 所示。

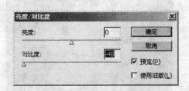

图 12.10.8　调整图像明暗效果　　　　图 12.10.9　"亮度/对比度"对话框

（10）设置好参数后，单击 确定 按钮，水墨画荷花的最终效果如图 12.10.1 所示。